我的哈佛數學課

鄭光根 / 著

推薦序

在數學之海發現璀璨的寶藏

在許多國際研究報告中，東亞的國家如韓國、台灣、日本、中國，或許是因為歷史因素，我們的教育體系高度相似：孩子投入大量時間學習，成績卓越，然而因為升學壓力、因為大量反覆練習，對知識的興趣、學習信心都相對低落。

處在同樣背景，讀本書時，我對作者的許多觀點特別有共鳴。

數學是一個被許多人「充分誤解」的科目。枯燥、困難、大量的反覆練習，少數人才能學好，跟生活脫節……如果有機會和一位數學家、數學老師喝杯咖啡，花一個下午聊聊天，你就會知道，這些都是錯的。數學，其實充滿趣味，重點不是反覆練習而是深度思考，是每個人都能學好，而且跟生活息息相關，是當今重要的科技語言。

作者是一位陪你喝咖啡的好人選。他以淺顯易懂的說法、譬喻，一語直破韓國的許多數學教育問題。例如書中舉的「中文房間」，如果有一位只會說英文的人坐在房間裡，房間裡有一本英文手冊，解釋什麼中文問題該對應提供哪些中文答案。之後，外面有人遞中文問題回來，裡面的人只要讀手冊，就能一一寫出中文答案，回答房間外的人。雖然看起來房裡的人好像能用中文應對，可顯然，實際上他完全不會中文。

這個思想實驗原本是用來討論人工智慧，可作者很巧妙、毫無違和感的拿它來譬喻數學教育：一位能看懂題目，給出正確答案的孩子，真的就代表他理解數學知識嗎？還是說，他其實是透過大量的反覆練習，在大腦裡建構了一本「手冊」。每次遇到數學問題時，他只是查手冊、抄答案。

這當然是有些極端。建構手冊的過程，我相信孩子們多少可以掌握一些知識，不會永遠將數學視為一門背科，只靠背誦來學習。但這個譬喻我覺得很清楚的點出，我們不能以「回答正確答案與否」來作為孩子學習數學的唯一指標。這有可能會誤導孩子只重視答案，不重視過程。答案要正確，又不想花太多時間學習，自然背誦或記題型，就成了好選擇。而當這樣不正確的數學習慣建立後，後續學習就會事倍功半，效率低落，也會越來越不喜歡數學，更加提不起勁，進入了惡性循環。

與其製作數學手冊，我們更應該要讓孩子「理解數學規則」。這本書在第三部對此也有一些著墨，不只提供觀念，更提供一些作者歸納出來的具體操作方式。多年教學經驗下來，我認為每個人都是獨立的個體，絕對有適合自己、屬於自己的學習方式。不過作者提供的像是投入一段完整長期的學習時間、掌握一道難題，勝過好幾道簡單題目，也都是我很認同的方法。

思考數學時很像潛水，你要選一個夠深的地方，再持續上一段時間，才能潛到深處。屆時，你將看見靜靜躺在海底，璀璨發光的寶藏。

我講得還不夠完整，翻開這本書，聽聽這位韓國數學老師更精采的分享吧。

數感實驗室共同創辦人、臺師大電機系副教授

賴以威

作者序

任何人都能學好數學

「老師！我根本不在乎為什麼會變成這樣，只要告訴我怎麼解題就好了！」當我使出全身的力氣說明解題時需要何種概念、意義為何、該如何使用，以及如何理解公式等等，一位學生非常不耐煩地說出這句話。那位學生認為，反正上大學後就不需要算數學了，以後再也不用看到這個沒用又無聊的科目，甚至還「詛咒」數學。

但是，孩子啊！其實我們生活中常常在使用數學。我說這話的意思並不是指每天都會遇到高中學過的微積分。不過，大部分人都會思考消費時會花掉多少錢，現在存款還剩下多少錢等等，也會計算，如果要在下週之前補足已經花掉的錢，那麼每天要再多賺多少錢。此外，也會比較年薪和實際領到的錢，計算稅率和扣除額是多少。對了！你有開店嗎？有的話，每天應該都會觀察來客數和銷售額的變化。你發現，昨天比前天多來了十個人，今天又比昨天多來了二十個人，開心了一陣子之後，某天開始來客數就沒有增加了。

這代表什麼呢？現在是不是該在隔壁社區投放廣告，增加新客源呢？還是應該要先擬定幾個「穩固客源」的策略，讓原本會上門的客人變成常客呢？

上面所說的案例裡，用到了如減法和除法的四則運算、一次方程式、函數、斜率、百分比、變化率的增減，甚至是微積分的最大值和最小值之類的數學概念。說到這地步了，你現在還覺得數學很沒用嗎？

數學，並非只是學校裡的一個科目，我會這樣說絕對不是因為我是數學老師。就算能蓋出華麗又美輪美奐的房子，但若沒有數學的穩固基礎，絕對還是無法設計出能抵擋地震的高層建築物；建構使用大數據來深度學習的演算法，也需要數學的思考，否則無法在數億、數兆個資料中分辨出哪個是真哪個是假，也無法命令人工智慧在分析、解決問題時辨別哪個資訊有用或沒有用。從最尖端的醫學到太空產業，數學都將會引導新的時代。理所當然的，我們的未來將會取決於我們瞭不瞭解「數學」這個語言。

問題在於，我們似乎把「生活中使用的數學」和「用來算題目的數學」當成完全不一樣的東西來學習並使用。每個人儘管已經在學校學習長達十二年的數學，但我們受到的訓練是徹底習慣「解題的數學」。實際上我們完全沒感受過數學的威力、數學將會如何形成及改變我們的生活等等，因此當然就不會感興趣。

我比任何人都更瞭解這情況。雖然我在前面把數學的重要性說得煞有其事，但很諷刺的是，我以前是一個徹底不適應「解題的數學」的人。以前數學課充斥著應該背記的題型和公式，回想起來真可怕。我根本不知道為什麼要背那些數字符號，以及前後是如何連貫的，感覺就像是一個解題的「機器」，這樣念書當然不會快樂。

儘管身邊的人都認為我數學很好，但其實我心裡想的就跟前面那位認為「上大學後就永遠不用算數學」的學生一樣，非常徬徨、難熬、埋怨，一心只希望趕快上大學後就能擺脫為了考試而拼命背誦的數學。我也曾經是這樣的學生，你問我後來上大學就平安無事了嗎？我重考了兩次。

那樣的我現在卻在美國波士頓教數學。我不僅教韓國人，也教義大利人和中國人，也教過知名企業家二代留學生，還有人開空白支票給我，拜託我一定要去他們補習班教書。我成為波士頓最厲害的數學老師，拯救許多抱怨數學的平凡學生脫離「放棄數學的沼澤」，將他們送進哈佛大學、耶魯大學等常春藤聯盟的學校。各位覺得這種事真的可能發生嗎？

我在韓國重考大學兩次後去當兵，退伍後逃亡似地奔向美國，然後一直待到現在。一開始我看到美國同學連簡單的數學問題都解不出來時，就有優人一等的自我陶醉感，後來才知道我只不過是一台性能好的計算機罷了。真的需要用數學語言來思考、提出意見並解決問題時，我根本比不上那些同學。「怎麼會這樣？我花十二年到底學到什麼？」我就是這樣開始重新學習數學的。

大學畢業後為了要維持家庭生計，我先從事教學工作很長一段時間，然後我才比別人更晚，到四十歲才進哈佛主修數學教育（Mathematics for Teaching），並且在兩年間以「全科A」畢業，也取得碩士學位。這樣說起來，扣掉國小時間，我在韓國和美國讀書的時間其實是差不多的。

我教學生數學已經超過十年了。美國的數學教育自然而然成為第四次工業革命的先鋒，我一眼就看出美國和韓國數學教育的差異。因此，我想透過這本書說出我們一直忽視的數學能力。急速的產業變化將如海嘯般席捲而來，目前為止沒有任何人類體驗過，而我們的孩子以及我們自己都很有可能被撇下，所以我也想要盡可能簡單說明，生存在未來真正該準備的東西是什麼。

當然，領悟到數學的用處、找到樂趣很重要，但從現實狀況考量，考試分數一樣重要，所以我也會以我的方式提出更有效的讀書方法。畢竟不可以因為數學而害你圓不了夢嘛！其實無論在哪個國家，數學都是用來評斷優秀程度的「篩選工具」。綜觀各國頂尖大學，幾乎沒有不會數學還能進入的。而這也不是最近才有的事，舉例來說，英國首屈一指的兩大明星大學——牛津大學和劍橋大學，在一八三〇年代之前畢業考都只有數學。

如果你是需要準備大學入學考試的學生，我可以保證，考大學的數學程度任何人都可以上手，而且各位在正確學習數學後，就能有邏輯地、合理且有效地解決生活中遇到的許多問題。現在要不要試著自己挑戰看看，透過這本書讓感覺不真實的事實化為現實呢？

Contents

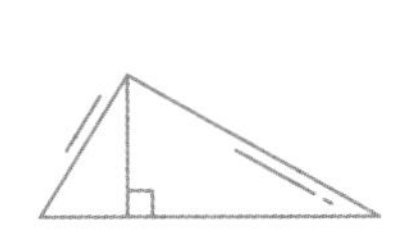
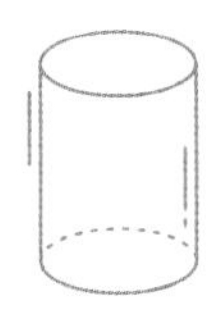
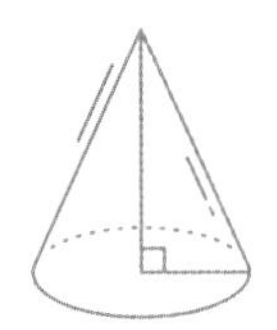

第一部

現在是數學的全盛時期

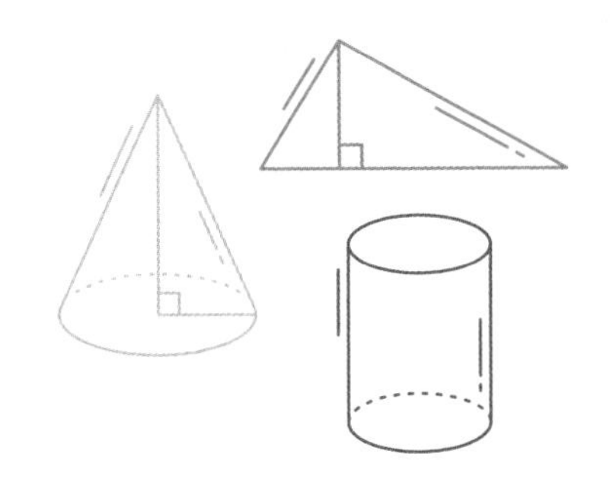

第一章

讓英才變蠢才的教育

只會套公式解題的笨蛋

「Which sauce do you like?」

「Yes.」

「Which one?」

「No.」

會在麥當勞點麥克雞塊時答非所問的客人就是我。從韓國出生後，到大學一年級都接受韓國教育，剛來到美國時，我的存在感是零，是個毫不起眼的東方學生，會的只有「Yes」和「No」。

有天我去投幣式自助洗衣店。雖然現在這種自助式洗衣店已經不稀奇了，但當時是我第一次看到，而且也沒有任何的說明書指示該怎麼操作（或許就算有，我也看不懂），於是我左顧右盼，想找人詢問使用方法。當時剛好發現有位白人大叔，他丟了銅板進去後，洗衣機開始運轉。我腦中重複了好幾次想說的英文，準備鼓起勇氣開口問時，他突然說：「Can I help you?」

我馬上就閉嘴了。「Uh, No, thank you.」

那個大叔露出一個「世界上什麼怪人都有」的表情，然後就離開了。幹嘛？你現在是在瞧不起我這個東方人嗎？美國歷史那麼短，難怪不懂得禮貌。我膽小地用韓文嘀咕了幾句，然後悻悻然地再次觀察周圍，那一刻我突然明白我剛剛犯了什麼錯。他剛剛是在問「Can I help you?」不是那位白人大叔沒禮貌，是我的回答太蠢了，我應該要說「Can you help me?」才對。知道怎麼洗衣服的人好意地問聲「需要幫忙嗎？」我卻那樣回答，難怪他會露出不可思議的表情。天啊！我英文這麼爛，還可以讀書嗎？更何況是畢業？我那一整天都很自責。

當初不管是在麥當勞還是在洗衣店，我都陷入這種苦戰，在課堂上的我當然不會好到哪裡去。但某天，這位安靜的學生竟然遇到了存在感爆棚的機會。

「有人會算這題嗎？」

教授在黑板上寫出一題困難的積分題後，問了大家，他還承諾說如果有人能解開這題，這次期中考成績直接拿A，但教室裡只有一片靜默。那時，我不知道哪來的勇氣，突然舉手。其實那題並不容易，要用好幾次分部積分和代換積分來解題，但韓國不是有句俗諺說「沒有砍十次還不倒的樹」嗎？於是我抱持著百折不撓、做就對了的精神，在黑板上寫了又擦、擦了又寫，不停地寫，結果就得出答案了。

老實說，現在已經記不得當時的題目是什麼，以及我是怎麼解題的，可是我到現在還記得很清楚，當時同學們都以一種崇拜的眼光看著我，教授也驚訝地睜大眼睛問我：

「你有解過這個題目嗎？」

「No.」

「你真的是天才！」

「Yes.」

之後同學看待我的眼光就完全改變了。不只是會開始主動找我講話，在分組的時候也都搶著拉我進去。我非常自豪，大家到現在才知道我有多厲害，談話的時間變長，也有人會跟我一起吃飯，我心想，終於是我的天下了。

不過，「很會算數學的東方小子」的頭銜並沒有維持太久。事情是這樣的，有天我看到一個題目需要用分部積分求曲線下的面積，當我正坐在書桌前努力解題時，我的朋友麥克走過來說：

「欸，你在幹嘛？」

「我要積分求面積啊！」

「這題無解啦！」

「什麼？怎麼可能無解？你這個笨蛋！不要因為你解不出來就說無解。我會解出來的，你等我一下。」

我再次以悲壯的表情提筆，專注在題目上，但一段時間過後，我還是算不出答案，我的臉越來越紅。不可以在這裡放棄！我怕別人會看到我慌張的表情，於是更用力在紙上寫滿數學公式。不知道過了多久，四周變得非常安靜，我注意到之後抬起頭來才發現，天啊！大家都回家了，只剩我一個人還在學校裡！我看了一下手錶，已經過了兩個小時！那時我才依稀想起麥克說：「我們走囉！就看你多厲害！」

後來我才知道那題真的是「無解」。簡單來說，是無法用積分函數求得的。如果硬要解題，就像不知道圓周率$\pi = 3.14$……是無限小數，還拚命要找出小數點最後一個數字那樣。不過，我從小在韓國都只遇過「能解出來的題目」，考題也都是有解答的，所以當時我壓根沒想到會有無解的題目。

能迅速解出困難的微積分題目的數學天才，淪為追著風車的唐吉軻德。我暗中嘲笑那些美國學生算術比我慢、解題能力比我差，但他們卻能一眼就看出題目無解；我雖然能快速解出困難又複雜的問題，卻在無解的題目上「做白工」，我覺得非常丟臉。我根本不知道題目無解，還說要努力解題，我的朋友看到我這麼拚命，又會怎麼想我呢？教授和同學會不會發現原來他們敬佩的數學能力，其實只是雕蟲小技呢？

專門用來考試的解題機器

你知道「中文房間（Chinese room）」嗎？這是由美國哲學家約翰・瑟爾（John Searle）提出的一個思想實驗，展現出機器就算不會思考也能工作。

假設在一個上鎖的房間裡有一位不會中文的人，當房間外的人將中文問題寫在紙條上並送入房間時，在房間的人要在紙條上寫出適當的中文回答再送出去。雖然在房間裡的人一句中文都不會，但房間裡有一本說明書，詳細地說明看到什麼問題時要寫什麼答案，於是房間裡的人就能完美地執行自己的任務，但他其實連一句中文也看不懂、不會說。

我就像這思想實驗裡的「中文機器」，講得精確一點，應該是「解題機器」。假設有人出了一題微積分，那麼我就會翻閱儲存在腦中的說明書。「在這種時候就要嘗試代換積分」、「那個問題就要嘗試分部積分」、「還有那種時候就要利用『sin平方加上cos平方等於1』」。房間裡的我在說明書的幫助下聰明地找出答案，這些說明書當然是在韓國就讀國小、國中、高中時收集起來的。就像房間外的人以為房間內的人精通中文一樣，我在朋友眼中也是個數學天才。

不過，在韓國考試中當然只會出有解答的問題，所以長期下來我不知道會有無解的題目，也不知道該如何一眼看出那種題目的型態。在樹木當中，有的樹砍十次就該倒，但有的樹如果爬不上去，從一開始就連看都不該看，可是我連這種狀況都無法分辨，到底哪裡還能炫耀說自己的數學很好？

一開始我將問題歸咎在自己身上，我覺得是我數學沒學好、是我的錯。直到大學四年級時，我很幸運地被一位數學系教授看中選為課堂助教，我負責的課程是金融數學，剛好遇到了處境跟我一樣的「韓國解題機器」，他的年紀比我大，在韓國讀完大學、在美國讀完MBA後，正準備在我們學校上財務學博士的課程。我們在不知不覺間熟悉到可以互稱兄弟的地步。

後來某天他在分析股價走勢圖，計算衍伸商品的合理價格時，我看著圖表說：「哥，待會價格會達到最高然後再下跌耶！」

他以驚訝的表情問我：「你怎麼知道？」

「你看這裡，下凹的上升曲線會逐漸往上凹，這就是斜率持續平穩後準備要往下坡走的徵兆。」

「往下凹？往上凹？圖形曲線不是往上就是往下，哪會算到那些啊？」

「當然會啊！那很重要耶！」

我跟他說明，在上升的圖形當中有兩種類型，有一種往下凹的曲線（ノ）是已經見底了，之後會開始往上升，有一種往上凹的曲線（ノ）在碰到最高點後就會立刻往下掉，而這兩個曲線交接點就是反曲點。結果他說，長期學到的只有「反曲點是兩次微分後等於零的點」，根本不知道可以這樣運用。

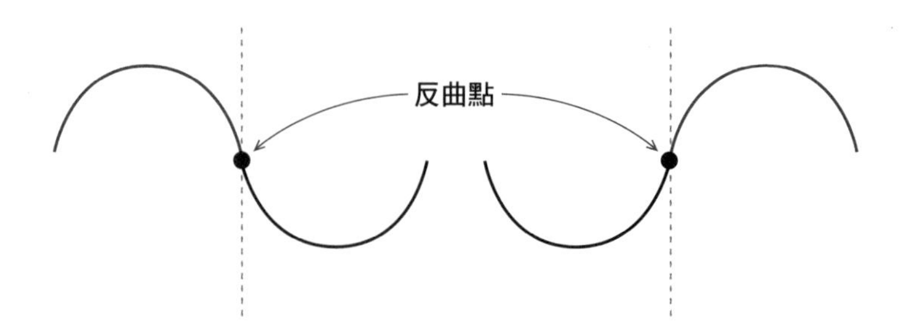

過去以來他看到函數時，能發揮堅強的微分實力，很厲害地找出反曲點，卻從未具體地思考過反曲點到底有什麼含義。那時我體會到，原來我們都在韓國被培養成解題機器。

現在就讓我們回想看看從小開始的數學教育到底怎麼了！

數學教育出了什麼問題？

我們來解下面這道題目。

> 請在空格處填入正確的數字。
>
> 5＋10＝□＋5＝□

是不是有人乍看之下覺得第一個空格要填15，然後第二個空格要填20？那麼我希望你更仔細聽我接下來要說的話。如果有人自滿地覺得我怎麼會問這種程度的問題，那麼我建議你問問上國小的孩子，國小低年級生正要開始學一位數的自然數加法，十個中有八個會在空格中用扭曲的字跡依序填入15和20，這種錯誤難以避免，請不要對子女太過苛責。其實這題是二十年前某個培育菁英的私立教育機構出的題目，用來辨別哪個孩子是天才兒童。

這種程度的問題竟然出在選拔天才兒童上？學過自然數加法的小孩，應該都會想到正確答案是10和15，這題有很了不起嗎？如果你還是很難理解這個狀況，我希望你仔細看看市面上的數學教材。去書店翻開任何一本國小低年級教科書，就會看到13＋3＝□、8－4＝□、22＋9－13＝□這種排列整齊的算式。當然加減乘除的能力不僅是數學課會用到，在生活中也要用上無數次，所以一定要透過這種反覆的訓練學會。不過，剛開始進入數學領域的小孩，會在這過程中出現一個致命性的誤會，也就是關於等號（＝）的意義。

等號是表示兩邊的數量或數值相等的記號，所以像「1＋2＝？」這類的問題就是要寫出跟「1＋2」相等的數值或算式，當然是3沒錯，但也可以是「1＋1＋1」或「1＋1＋2－1」。只不過，因為學習目標是要讓學生學到以一個數字，也就是以最簡單的方式呈現，因此大致上最適合的答案就是3。可是，不知道這個背景、只是接受無聊的解題訓練的小孩就會誤會，以為等號是命令「計算左邊的算式後寫在右邊的空格」，然後就進入下一步。

正確理解等號是正確學習數學的開始，因為要理解等號，才能理解等式以及解方程式的過程，也才能接著學習函數和微積分。在國一數學的教材中，會使用x這代號取代空格，正式學習解一次方程式，但依然只說明最簡單的方程式解題步驟來快速解題。

舉例來說，我們來解下列方程式。

$2x-4=6$

先把-4移到右邊，這時負號就改變了。

$2x-4=6$
$2x=6+4$
$2x=10$

然後將10除以x的係數2。

$x=10/2$
$x=5$

這看起來不就像我們依照事前訂下的規則來解讀暗號一樣嗎？我一開始也很困惑而纏著老師問：

「老師，為什麼到了等號的另一邊，負號就要改變？」

「這個嘛！這樣才能解題啊！」

老師責備我為什麼問這種沒意義的問題，然後試著在一開始$2x-4$的算式中，將x代入5就得到6。

「你看！這樣解馬上就能算出正確答案。」

當然不可能所有數學老師都是這樣教的。不過，從此之後，我解方程式時都盲目地遵行「右邊的數值移到左邊、左邊的數值移到右邊時要改變正負號」的規則。就這樣過了很久之後，有天我要教弟弟方程式的時候，我弟弟就說「咦？」然後問了我以前問過老師的問題：「哥！為什麼數字移到等號的另一邊就要改變符號？」我怎麼會知道？我也想知道答案。結果我能做的只有一件事，就是敲弟弟的頭：「就是這樣啦！不要問沒意義的問題。」

後來才知道我長期苦惱的真相其實一點都不難、一點都不複雜，還很後悔自己為什麼要煩惱這麼久。解方程式就是讓等號的左右兩邊價值相等，以此找出未知數x。我們再看一次前面提過的$2x-4=6$。左邊的「$2x-4$」跟右邊的「6」的價值相等，如果要讓$2x-4$跟6一樣，那麼x應該要是什麼呢？其實就算不理解方程式的原理，也能透過心算計算出來。某個數乘以2之後減掉4等於6，那就是5啊！不過，在考試中出現的、有鑑別度的方程式，或生活中遇到的方程式絕對沒有這麼簡單，可不是光憑心算或幾個硬背的規則就能輕易解決。

美國人解方程式的方式跟我們不一樣，應該說，他們教得比我們更正確。首先，老師會讓學生記住等號的意義，然後在「等號的兩邊加減同樣的值之後，等號依然成立」的基本原理下開始解題，接著再像修剪樹枝那樣簡化算式，最後只留下「$x=$？」。

我們稍微岔題來說個寓言故事吧！有隻可怕的獅子和大塊頭的熊正在吵架，牠們爭論著如何公平地將一塊肉分成兩半。眾多猴子當中，有隻猴子大膽地跑到樹下勸架，而兩隻野獸同意猴子幫忙分肉。但實際上要分肉的時候，猴子卻多分給獅子一點，熊發現後，猴子就把要分給獅子的肉咬一小口；這次換獅子反對，獅子覺得猴子吃太多，反而讓獅子的肉變得更少，於是猴子再吃一口要分給熊的肉，現在要分給熊的肉變得更少了。這樣反覆幾次後，猴子就把肉全都吃完，然後開心地逃到樹上。

這個故事告訴我們，兩隻野獸因貪心使得等式變成「$0=0$」，但我們先把教訓放在旁邊，我們來思考為什麼這兩隻頑固的野獸會允許損害自己利益的減法。說穿了就是為了要達到等號條件，而這就是解方程式的基本原理。

當然，我們不會像奸詐的猴子那樣在兩邊減不同的數值，導致等號不成立，我們會正直地解開方程式。

首先，為了讓左邊的$2x-4$變成$2x$，就要加上4，所以右邊的6也要公平地加上4。

$2x-4=6$

$2x-4+4=6+4$

$2x+0=10$

$2x=10$

接下來，為了讓$2x=10$這等式中，左邊的$2x$變成x，要除以2才行；這時若要維持等號，右邊也要除以2。

$2x=10$

$2x/2=10/2$

$x=5$

好，這就是解方程式的固定模式。

但是在學校為了快速解題，就省略說明「為了讓左邊減4，兩邊都要同樣加4」的過程，直接教學生「跳躍式解題法」，異想天開地以為－4到了右邊就會變成＋4。

$$2x-4=6$$
$$2x=6+4$$
$$2x=10$$

接下來的解法也是一樣。留在右邊的數字除以係數後就會得到答案，這樣導出的結果，既不會有人追問也不會有人計較，沒有第二句話。

$$2x=10$$
$$x=10/2$$
$$x=5$$

韓國數學教科書上當然也提到解方程式的基本原理，但老師通常想要在有限的時間內趕快教學生解題，學生也想要趕快學會解題，結果兩方相遇後就造就出了不像話的解題法。基本原理非常理所當然，所以就忽視並省略看似再三重覆的邏輯，這個錯誤的學習習慣正在我們的教室裡蔓延開來。

以為韓國人身上都有數學基因的錯覺

如果你有十幾歲的姪子、姪女或兒女，就問他們看看哪個國家的人最會打電玩。一般的小孩，特別是男孩，都會立刻回答是韓國。實際上在二〇一八年雅加達-巨港亞洲運動會的電競項目中，韓國選手包辦第一。雖然韓國是IT大國沒錯，但為什麼韓國人這麼會打電玩呢？

這裡沒有什麼特別的祕密，你可能會覺得打電玩有什麼了不起，但職業玩家的練習時間是超乎一般人想像的。如果是組隊參賽，就要跟其他隊員一起同住，一起吃、一起睡，一天至少要練習十個小時，最多到十四個小時。很多人到了二十歲的時候，已經因為手腕、肩膀、脖子受傷而需要開刀。他們生活的激烈程度不輸給運動選手。

讀書也是如此。雖然每個人的狀況不太一樣，但我至今看到的是，美國高中生到了下午三點就會結束所有的課程，然後去運動、參加室內交響樂、合唱團、志工服務等活動，也有學生會去打工。到了晚上七八點，就會跟家人聚在一起吃晚餐，然後拖著疲憊的身軀進房間，勉強寫完作業後入睡。美國知名的私立高中宿舍甚至規定，到了一定時間後（通常是晚上十點，頂多到十一點）就不能開燈。學生如果讀到十二點甚至是一點，別說是獎勵了，還會處罰。

相反地，大部分韓國的青少年每天都在為了準備升學而努力，不得不投資大量時間，從早自習開始讀到第八節，幾乎是半天的時間，再將另外半天的時間投資在（強制）自習或補習班的課程。一部分的學生之後還會到K書中心或回家繼續讀書。看著星星出門上學到看著星星回家，這句話絕對不誇張。再加上，父母為了讓孩子有更多時間可以讀書，連打掃房間、洗碗等孩子自己該做的事都幫忙做。

結論就是，韓國孩子的讀書量絕對比美國的孩子更多。有些住在首都圈的學生，為了進入「私立教育明星校區」大峙洞，每天搭快速巴士通勤。甚至還有人在大學招生期間，搭飛機去聽「大學入學申論題總決戰」。在土地大上好幾倍的美國都沒有做到這種程度了，連要考進常春藤聯盟的資優生也沒有這樣。若以這樣相較，韓國孩子的課業成就應該要更高才對吧！

在二〇一八年羅馬尼亞數學大師競賽中，韓國學生拿下總冠軍等傲人成績；在每年舉辦的國際數學奧林匹亞競賽中，韓國也總是獲得佳績；電視節目上也可以看到，韓國高二生順利解開哈佛在校生解不出的數學題。如果數學能像圍棋或西洋棋那樣成為奧運的一個項目，然後像奧林匹亞或是大學入學考試那樣出題，我們的孩子必定可以為國爭光。

不過，韓國小孩數學特別好，只不過是個錯覺。學業成就的差異只是來自於讀書絕對量，韓國人身上並沒有特別好的數學基因，所以不能放心地說，現在韓國的數學教育方式是正確的。說白了，只看理工大學和研究所的國際競爭力排名，或獲得諾貝爾獎的成績就能知道，不是嗎？那麼，那些被稱為天才、英才的孩子們，後來到底去哪裡了呢？

韓國小孩變身為國際蠢才

我曾經遇過一對韓國父母，他們的小孩在念高中，為了送小孩上大學，得掏出積蓄已久的存款。他們看起來是經濟寬裕的家庭，所以我有點意外：「原來韓國學費昂貴的程度也不輸給美國！」我繼續深聊才知道，他們並不是拿積蓄付學校的學費，而是要支付額外的補習費用。

很可惜的是，就算耗費龐大的費用和心力，我們的孩子也走在跟我們同樣的路上——花幾個小時苦惱根本無解的問題。而這個現象源自於「至少要有大學畢業」的社會風氣，因此大家會把教育的焦點放在大學入學考試上。如此長久下來，以學生的立場來說，重點變成「別人會的考題，我也要會；別人錯的考題，我一定要會」；隨之而來的副作用就是，為了辨別數十萬名應試者的能力，出題者必須不斷地出「為出題而出的題目」。這種時候，還覺得數學好玩又實用的學生，應該精神有問題。

如果在這本書中，一直舉大學入學考試的數學考題為例，應該會讓讀者的眼睛和頭腦萬分疲勞，所以我舉個其他類似型態的題目。以下是二〇一八年首爾市地方第七級公務員筆試中，關於韓國歷史的題目。

7. 下列四本為高麗王朝後期的史書，選項中何者依時間順序正確排列？

甲、閔漬的《本朝編年綱目》
乙、李齊賢的《史略》
丙、元傅、許珙的《古今錄》
丁、承休的《帝王韻紀》

①：甲、丁、乙、丙　　②：丁、甲、乙、丙
③：丙、丁、甲、乙　　④：丁、丙、甲、乙

就連重視歷史教育的人也覺得這題太過分了，這些都是七百年前的書，中間相隔只有幾年、幾十年，要不是有「歷史強迫症」的人，怎麼會知道這些書的時間順序？我想說的是，這種知識對執行業務來說真的需要嗎？考題範圍當然是無窮無盡，但重點是，在數學教育裡也正在發生這種事。

很令人惋惜的是，考生們都能完美地應付這種考題。我曾經遇過一位韓國學生，他的英文真的很差。以前我想要嘗試用英文聊天時，只會反覆地說「Yes」或「No」，他就跟我差不多。但那個學生多益的目標分數是九百分，實際做模擬考的時候也差不多是這個水準。我很好奇他到底是怎麼解題的，所以就觀察他的答題方式。多益的聽力測驗裡有種類型是三選一，需要在(a)、(b)、(c)中選出符合問題的回答，舉例如下（我們化身為那位學生的實際狀況，只寫出聽得懂的部分）：

Q : When …… store …… close ……?

A :

(a) Yes, it is.

(b) …… clothes …….

(c) …….

正確答案是(c)，很驚人的是，這位學生完全聽不懂卻答對了。我問他是怎麼辦到的，他說題目問「When」，選項(a)並沒有呼應題目，而是回答「yes」，所以答案不會是(a)，至於選項(b)雖然都聽不懂，但聽到一個類似「clothes」的發音，可以知道這選項是故意混淆考生的陷阱。如此淘汰兩個選擇後，就算完全聽不懂，還是只能選擇(c)。

這樣念書的人，實際實力並沒有提升，只具備分辨力。像大學入學考這類的考試，必須以客觀的評分標準來辨別眾多考生的能力，於是會制定出大概的評分項目，以及各主題與單元的出題比重。這種為出題而出的考題，只要稍做比較就會發現，每年都會重複出題，類似的題號會出同樣類型的題目，只是數字和圖案稍微改變而已。

所以學生會無數次反覆練習考古題，以及跟考題類似的變形題，直到完全記得解題方式為止。雪上加霜的是，韓國教育部公布的二〇二〇年方針——「大考中心出的題目與教材的關聯性會增加到百分之七十」，還附加大考中心與出版社共同推出的「大考中心變形題」。聽說有知名補習班的明星講師每年會燒掉上「億」韓元的研究預算來做「考前猜題」。

總而言之，在這麼穩固的「考試導向」的體制中，上課時間連一點點都沒辦法討論該主題的背景知識，或是必須學習那主題的原因。學生若想問這類問題，不僅對同學沒禮貌，也會刺激老師的敏感神經。因為對學生、老師和家長來說，更重要的是，在有限的時間裡，多解一題就能多得一分。其結果就是，現在這時刻正造就出跟過去的我一樣的國際蠢才。

我們學習如何成為電腦 vs. 他們學習如何使用電腦

到底問題出在哪裡？想要進入好大學、好公司的人不只一個，所以學校、公司需要制定公正的（或起碼要有一致性且事先預告的）競爭項目。而且為什麼在定型化的項目中反覆練習來獲取好成績不對？韓國滑冰女王金妍兒和美國游泳健將麥可．費爾普斯，都為了在自己的領域中成為最頂尖的人而經歷嚴酷的訓練。

我說這些究竟想表達什麼？學習的目的不就是為了在生活中做出更好的選擇，理解身處的環境來過得有智慧又豐富嗎？這種原則有錯嗎？美國跟韓國有差很多嗎？美國也有像韓國大學入學考試一樣的SAT，美國有常春藤聯盟、韓國則有SKY大學。美國不就是自由競爭的發源地嗎？

沒錯，我很清楚，因為我就是波士頓的數學明星老師。美國私立學校裡全都是數學很強的學生，這些學生在未來會成為政治人物、企業家、法律人，而我就是教他們的老師。我在美國讀完大學畢業後，沒有回到韓國，而是將教書視為天職，帶領許多在父母的教育下放棄數學的人，進入美國菁英高中和有名的大學。學校和補習班當然會評估我的學生升學率，在現實的壓力底下，我的教育哲學也妥協了很多。儘管如此，我還是可以很大膽地說，現今韓國的數學教育行不通。

我們從國小、國中到高中，學了十二年的數學，而且是最能塑造、刺激大腦的時候，也就是學習新知的速度最快的時候。可是結果呢？隨便問身邊的一個人看看，問他喜不喜歡數學？幾乎沒有人喜歡，很難找到一個可以說出肯定話語的大人。縱使是在以教書為職業的數學老師之間，一定也有人討厭數學。所以我才說，大部分在韓國念書的學生、從學校畢業後的成人，都會覺得數學困難、可怕、枯燥又無聊。

如果在學校學了十二年的英文，面對外國人時卻連一句問候都說不好，大部分的人會覺得這是個大問題；那麼同樣的道理，為什麼我們不覺得學了十二年的數學後沒辦法實際運用是個問題呢？其實韓國的英文課不是在教英語（聽、說），是在教英文（讀、寫）；數學課不是在教數學，是在教計算。

如果無法理解兩者的差異，那麼我舉個例子。

假設有一個函數為，將數字代入x時，就能得到想知道的y值。問題是，如果函數包含了三次方、四次方、根號等，計算就會很複雜。假設有個題目是$y=(1+x)^3$，求$x=0.01$時的y值，沒有人會立刻計算$1.01\times1.01\times1.01$的結果，一想到持續增加的小數點就已經開始頭痛了。

這種時候如果知道「線性估計法」就會變得很簡單。線性估計法是將看起來很複雜的函數算式曲線圖擴大，取得近乎直線的點。直線是以一次函數$y=ax+b$的形式呈現，所以計算起來簡單很多。以前面提到的函數為例，如果將圖上$x=0.01$的附近擴大，就近似於$y=1+3x$。在這個算式中，將0.01代入x來計算，就能得到$1+3(0.01)=1.03$。使用線性估計法能輕鬆求得y值，非常方便。

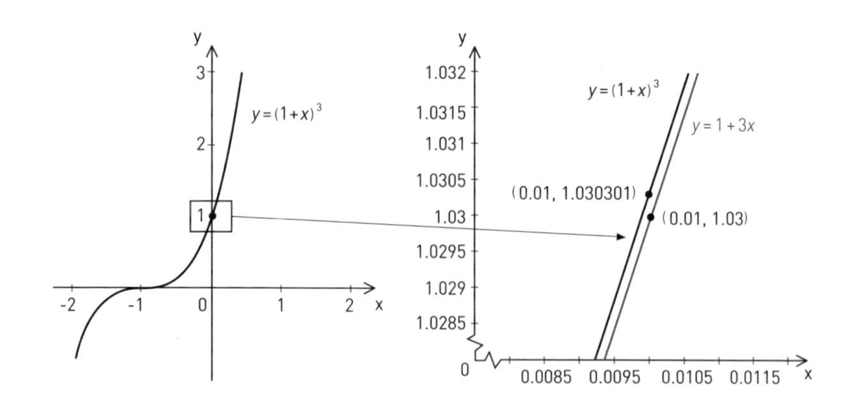

可能有人會覺得不踏實：「難道這種大略的計算可以取代準確

求得的數值嗎？」不過，數學的根本是要實用。數學這門學問是源自於測量土地長度和面積之後，以數量的方式呈現建築物的秩序與原則等，進而分析數值的變化。雖然必須忍受些微的誤差，但如果這方法能讓複雜的計算變簡單，在現實中就會更有益處，這就是數學的價值所在。

這也是為什麼在美國高中不只上課時間，連考試時間也可以使用計算機的原因。使用計算機不只可以算出平方根、指數、對數的近似值，還可以輕鬆求得高次方程式的和或函數的圖形。這樣省下計算時間後，可以用來理解原理，並更深入學習運用在現實生活的方法。

不論在韓國或美國，年級越高，越會遇到不只有一種解法的題目，而且解決複雜問題的綜合思考力並不一定會隨著計算能力增加而提升。現在美國的學生都會使用計算機或電腦來畫出大的圖形，同時間韓國學生卻正在訓練自己成為電腦。以前，我們並不知道這種領域的重要，不過在往後的世界，尤其在第四次工業革命的時代，一切將會改變。考量到有些讀者覺得「第四次工業革命」聽起來很艱澀，我會舉個具體的例子。

下面129位的自然數是由二個質數（prime number，在不包含1的自然數中，除了1跟本身之外，沒有其他的因數）相乘而成的。請試著利用「質因數分解」找出兩個質數。

1143816257578888676692357799761466120102182967212423625625618429357069352457338978305971235639587050589890751475992900268795435 41

解答如下：

3490529510847650949147849619903898133417764638493387843990820577 × 32769132993266709549961988190834461413177642967992942539798288533

就算是八十億人類裡最會計算質因數分解的大師，窮其一生連一刻都不休息地挑戰，也絕對無法解開這題。那麼誰能夠算出來呢？就是電腦。人只要製造出演算法，電腦就會按照演算法，以快到令人驚嘆的速度找出答案。如果沒有自信能展現比電腦更厲害的運算效能，就交給電腦計算，我們則專注在研究能讓運算過程更有效執行的演算法就行了。但很可惜的是，當我們花時間快速計算質因數分解時，美國學生在這種尖端演算法的幫助下，學到了離散數學（discrete mathematics）的基礎。

你可能會問，我舉這麼極端的質因數分解的例子到底想說什麼？我想提醒大家，這就是現在區塊鏈、加密貨幣等實際使用的尖端加密方式（又稱「公開金鑰加密」），是能成為新一代生財工具的技術之一。這種愚蠢地將兩個數相乘的結果讓人不禁想問：「怎麼可能知道這麼大的數是質數？」但必須提供更愚笨的數字做為提示來算出質因數分解才能知道密碼，而這個技術將會負責線上交易活動的安全。

在未來，數學跟我們的生活會更密不可分。講得更貼切一點，這些就是未來的產業和職業。不過，韓國的數學教育依然跟我在一九八八年左右念高中的時候差不了多少，當時流行的《數學藝術》（原名：수학의 정석）現在還是學生之間首屈一指的數學輔助教

材，當然問題是考試本身趕不上新的變化，並不是這本書的錯。

生活在二十一世紀的我們，現在不是要為了變成電腦而學數學，是要為了運用電腦而學數學。但，這到底是什麼意思？差異在哪裡？一開始我也只是隱約地感受到變化，無法清楚掌握問題本質是什麼，以及答案又是什麼，所以我決定要進入全世界頂尖人才不分國籍聚集的地方、培育出能教育美國明星高中學生的老師、以及制定未來教育政策人員的地方——那就是哈佛。

第二章

我橫衝直撞的數學人生

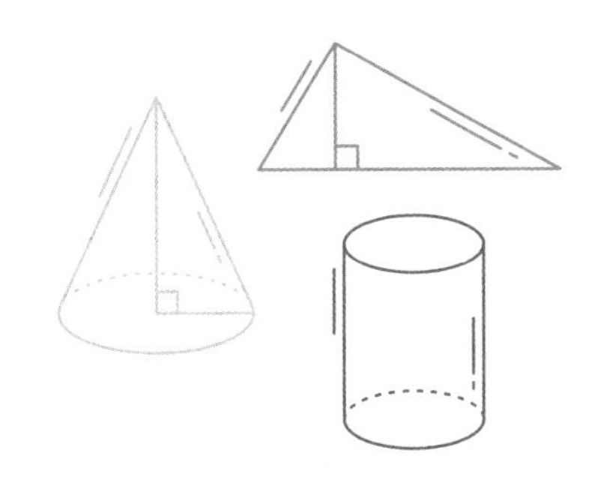

喜歡讀書但背不起來

你問我，是不是來美國留學、讀哈佛、領著年薪數十萬美元、教些聰明的孩子後，就變得跟現實脫節？前面提到的那些，都是只有我這種菁英才會煩惱的紙上談兵？很抱歉辜負你的期待，我並不是那種聰明絕頂的人。大家說，數學頭腦是天生的，但我不是那種非凡的人物。

在我還小的時候，外公是校長，媽媽在結婚前是音樂老師。這樣看來，我現在會當老師，也許是因為出生在這樣的環境。不過，小時候我並沒有享受到家裡的「老師」的照顧，哥哥接續媽媽的步伐，選擇了音樂的道路，媽媽為了支持他而忙到不可開交，爸爸則常常因為工作而晚歸。

照顧我的個人家教反而是書架上的整套百科全書。當時還沒有網路，如果想知道什麼答案，就要問人或是自己找資料。舉例來說，在戰爭片當中會看到潛水艇，我就很好奇到底潛水艇裡面能藏多少軍人，這時，我就會去翻百科全書，從檢索找出潛水艇，接著往下讀就會遇到一些我不懂的詞彙，例如減壓閥、海水淡化機，然後我再繼續查找這些資料。

我就是以這種方式一再讀百科全書，結果突然間，我腦中就裝滿了許多知識性的內容。社區裡開始有大人說我是「會走路的百科全書」，覺得我很特別。

可是這並不代表我是先天具備卓越記憶力的天才。電視上偶爾會出現能過目不忘、一目十行的天才，我還不到那種程度。之所以會背下整本百科全書，純粹是因為那是我童年唯一的玩具。我不是一開始就有這樣的計畫，所以背的時候並不覺得無聊。有些小孩很討厭讀書，但對於電玩規則、歐洲職業足球選手的事蹟、或是偶像團體的人名及歌詞等都記得滾瓜爛熟。無論是誰，只要是自己有興趣的東西，都會反覆地看，不會嫌無聊，記下來也不困難。

但是，我這種充滿好奇心又喜歡讀書的人有一個缺點，就是很不可思議的「健忘」。說實在的，這不符合我的人設，可是坦白來說，到現在為止，我背起來的電話號碼沒有超過五組。雖然我很喜歡數學，但我很討厭背數學公式，所以也曾經想過要放棄數學。我很早就知道，我完全沒有天分背下學校老師教的東西。

不斷分割圖形的少年

雖然我很討厭背書，但我國小、國中的成績好到不用父母擔心。你問我怎麼做到的嗎？因為我的身體已經習慣「持續詢問並理解來找出想知道的問題答案」，這種讀書方式讓我變成「會走路的百科全書」。

比方說，國一會學到「多邊形的內角和公式」，三角形是180

度，四邊形是360度，五邊形是540度，n邊形就是180(n－2)度。但直接背180(n－2)的公式不適合我，所以我專注在將四邊形、五邊形、六邊形等如下列圖示分割成數個三角形。

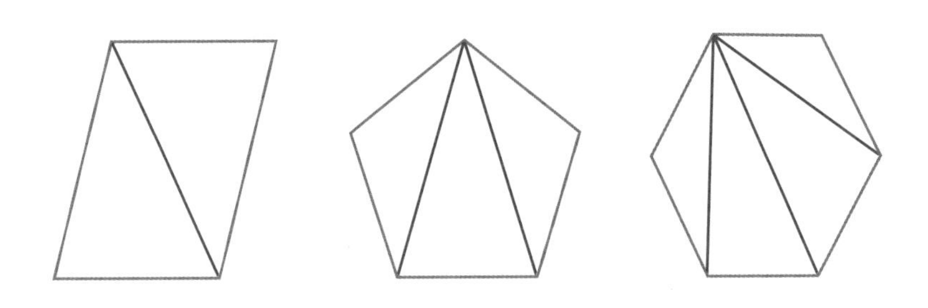

當考題出現多邊形時，我就會像這樣把圖形分割成好幾個三角形。後來還被老師罵說，為什麼在數學課做別的事情：「叫你解題不解題，幹嘛一直分割圖形？你要不要專心？」我在分割圖形時還要聽這種令我無奈的責備。但很神奇的是，我開始看出了某個規律，原來四邊形是兩個三角形，五邊形是三個三角形，六邊形是四個三角形。「喔！所以才會說(n－2)！」現在只要想通為什麼三角形的內角和是180度就行了。如果你很好奇，可以接著看下去。

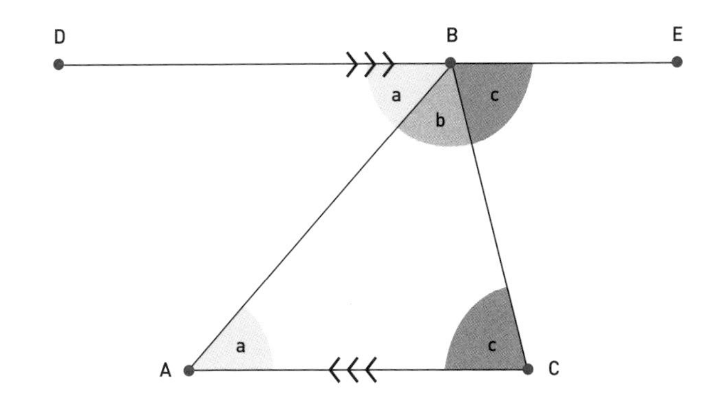

先畫出平行於$\triangle ABC$中底邊$\overline{AC}$的直線$\overleftrightarrow{DE}$，這裡$\angle BAC$和$\angle DBA$是同位角，所以大小一樣（依據歐幾里得的幾何學原理，若兩條直線互相平行，與兩條直線相交的直線製造出的同位角是一樣大的）。所以$\angle EBC$也跟$\angle BCA$一樣。而$\angle DBA + \angle ABC + \angle EBC$是平角，也就是180度。將上述內容以數學整理如下。

$$\angle DBA + \angle ABC + \angle EBC = 180^\circ$$

$$\angle DBA = \angle BAC, \angle EBC = \angle BCA$$

$$\angle BAC + \angle ABC + \angle BCA = 180^\circ$$

如果覺得這說明很複雜，只要將任何一本教科書上的三角形的三角剪下來組合看看，就能製造出平角（180度）。

想通三角形內角和是180度之後，我按照前述「將多邊形分成多個三角形」的方針反覆解題，不知不覺間，就算不背下多邊形的內角和公式，也已經深刻地記在我腦中了。可能有人會覺得這樣的讀書法本末倒置，但這不僅可以運用在內角和，類似的規則也可以運用在多角形的面積或多面體的體積等。所以當同學們還在如潮水般湧來的幾何學公式中掙扎求生時，我已經領悟原理，從容地進入下一步。

體驗過這種類似經驗幾次後，我產生了自信，就算不按照學校老師說的硬背公式，我也可以用我的方式念書、考試，所以我到國中都還可以跟上課業，沒有什麼太大的問題。還好我不是死記硬背，而是從一開始就透過自問自答來找出答案，在無心插柳柳成蔭之下，我的出發點就比別人好。

在二、三十年前時，因為還沒有導航，找路時就要問人、作筆記。如果只是將別人說的話抄下來，時間一久就會覺得很陌生，不知道是什麼意思。不過，如果不只是作筆記，而是實際在那裡迷路後才找到目的地，之後會因為有過經驗而記得路怎麼走。就像這樣，雖然一開始面對複雜的數學公式時會覺得很害怕，但如果問自己為什麼會那樣形成，找出公式最開頭的原理，並以此為出發點開始理解，就算沒有痛苦地硬背，也能長久留在記憶中。

入學考試上的魯蛇

我持續透過自問自答的方式找出不懂的部分，國中畢業後進入了知名的馬山中央高中。當時如果要進這間學校，至少要在滿分兩百分的高中入學考試裡拿到一百九十分。意思就是，考試只要錯超過十題就會落榜。不過全校還是有將近十人滿分，最低的入學成績是一百九十分，這表示第一名和最後一名的成績只差了十分。我在競爭這麼激烈的地方還妄想安逸地讀書，結果立刻就落後了。

那時的升學競爭就是個「考試地獄」。從國小起，如雞舍般的教室裡就坐了超過六十位的學生，甚至因為學生數量太多，教室不敷使用，需要分成上午班、下午班來上課的地步。

大學入學名額有限，可是人這麼多，所以儘管當時的經濟狀況沒有現在這麼寬裕，升學環境還是非常競爭。考試題目類型多元，多到難以自行領悟原理後學會，而且考試時間非常短，在這樣的情況下出的考題，一定只能拯救投資很多時間、背了很多的學生。雖然現在的升學考試也會聽到類似的批評，但當年聯考的難度更誇張，以下我舉一個聯考出現的題目為例。

n為自然數，

求$f(n)=\sum_{k=1}^{n}({}_{2k}C_1+{}_{2k}C_3+{}_{2k}C_5+\cdots+{}_{2k}C_{2k-1})$時，

$f(5)$的值為？

若學過帕斯卡三角形、理解帕斯卡三角形的形成原理、帕斯卡三角形的值與組合間的關係，就能充分解題。可是，很可惜的是，當年沒有老師能讓學生一一理解那麼多原理，只是叫學生背下解題的相關公式。而且所有的科目都是以這種方式教授，搞得連充滿好奇心又愛讀書，號稱「會走路的百科全書」的我，也完全失去熱情，覺得讀書既無聊又痛苦。

在那個時空背景下，因為我的頭腦也不是特別好，所以遇到這種情況只會耍小聰明說：「我最討厭硬背了，只要記得核心就好。這個、這個、這個，這樣就念完了！」然後剩下的時間都在跟隔壁高中女校聯誼。一天有二十四小時，這對所有的考生都是公平的，但我就這樣浪費掉時間。

我的生活從那時起開始走下坡，但也不是直線往下掉，而是坡度逐漸越來越陡的、往上凹的下坡。我經歷一連串的失敗與挫折，不論過去還是現在，有錯的都是沒人性的入學考試的體制，考生個人哪有問題，但我在榜單上是魯蛇這件事卻沒有改變。在那之前我都沒有讓父母太操心，也乖乖地上學，所以當我成績開始下滑時，父母覺得只要我打起精神應該就可以進步，並且一直相信我到最後。不過，我在打起精神這方面，正確地說，在適應榜單這方面，花了非常久的時間。

原本我想要念醫學院。不過，我的聯考成績距離理想中的大學入學成績還差了一大截。真的很慘，最後我只好選擇重考。一開始我下定決心，只要一整年把屁股黏在椅子上、用最笨的方式讀書就好。不過，第二次的聯考又搞砸了。已經失敗了兩次，我開始覺得滿腹委屈。儘管如此，我到那時還覺得自己有讀書的天賦，於是帶著最後一搏的想法再挑戰一次。我就這樣重考了兩次。不過，上天真無情，最後我還是沒有考上醫學院。

下坡也有盡頭

考醫學院失敗了三次後，我申請插班讀大學，很努力湊滿學分，但可能是因為學校和科系都不是我喜歡的，所以我並不滿意大學生活。中途先去當兵，等到退伍後，我選擇留學而不是復學，當時我二十五歲。雖然去美國留學帶著一點逃跑的意味，但很意外的是，曾經重考過兩次的我，竟然一次就考上美國的大學。「咦？原來這才是我該在的地方啊！」我下坡的曲線似乎終於經過反曲點，坡度開始變得平緩了，希望已經達到谷底，接下來就只剩上升了。

我考上的學校是麻薩諸塞大學阿默斯特分校（University of Massachusetts at Amherst）的資工系。雖然不是赫赫有名的麻省理工學院（MIT），但韓國電信公司KT的代表理事黃昌圭、韓國前資訊暨通信部部長陳大濟都是從這裡畢業的，算是能培養出一定實力人才的有名大學。

這裡的人才濟濟，許多學生都是從小開始涉獵帕斯卡語言和C

語言等程式語言，只要從這裡畢業，幾乎就能直接進入像英特爾、IBM、微軟等明星級的企業，所以我下定決心一定要忍耐。可是，隨著時間的過去，我發現單憑努力終究無法超越我的同學。要充分理解電腦的特徵，才能寫程式或抓出錯誤，但相較之下，我的基礎太差了。有一次，程式是從八個錯誤開始，但我花四個小時排除錯誤後，卻出現超過三十個錯誤。

好不容易撐過兩個學期後，指導教授來找我會談。我在韓國為了考上大學總共挑戰了三次，再加上美國大學的這一次，我總共失敗了四次，所以我絕對不能退縮，儘管我說著一口破英文，還是真心地坦承累積許久的煩惱。教授聽了很久之後，給了我一個意料之外的建議：「那你要不要上數學系的課？跟我們科系有關的課大部分是應用數學，但我覺得還可以，而且也可以抵學分，不會影響你畢業。」

我到現在都覺得，當時跟我諮商的教授是我人生的救世主，因為如果不是他，我應該連畢業證書都拿不到，只能孤單地回到韓國。結果，我去上了數學系的課之後，簡直是欲罷不能，不知道從什麼時候開始，上數學系的課比上本科系的課還認真。這段期間的學習為我重新奠定了高中數學的基礎，也對我目前的教學幫助很大。無論如何，後來我逐漸參與數學系的活動，甚至跟他們打成一片，就這樣幸運地畢業了。

在大學讀數學很開心沒錯，但我並不是一開始就想做跟數學有關的工作。畢業後，我在波士頓嘗試各種工作卻不太順利，有一段時期非常苦惱。剛好那時受到一位哈佛醫學院教授的引薦，偶然地開始當起數學老師，然後就持續了三四年。沒想到教數學比我想的更適合我。

尤其讓我開心的是，補習班老闆、學生家長都稱讚我是個優秀的、很有能力的老師。在波士頓，連普通補習班的兼職老師都有很驚人的資歷和優秀的腦袋，我在當中算是最「不聰明」的一個，可是我卻能超越其他老師，被稱讚是教得最好的老師，這並不是件容易的事。回頭想想，可能是因為我也跟那些學生一樣度過類似的學生時期吧？

對其他常春藤聯盟畢業的老師來說，讀書應該是最容易的，但我跟他們不同，我很清楚地知道學生為什麼會覺得某個部分很難，如果問他們：「你不知道這個吧？」一百個學生當中會有一百個人很驚訝地反問：「老師你會通靈嗎？你怎麼知道？」我就會回答：「我在你們這個年紀的時候就是這樣。」因為我解決了學生最頭痛的問題，便逐漸建立起口碑，來找我的學生和家長越來越多。

我自認為好像有點天分，更重要的是教書太有趣了，所以我想接受這方面專業教育的念頭也就越來越強烈。尤其上了年紀之後，光憑補習班老師這職業來準備未來似乎令人不安，我需要確保我的職涯，至少要能在年輕聰明的晚輩們持續往上衝的過程中存活下來。當時我也正好發現，如果要在我住的麻州擔任學校老師，就一定要有碩士學位。不過在四十歲這不小的年紀，還有家人要扶養，所以我為此煩惱許久，但終究我還是決定要去讀哈佛大學延伸教育學院。

一開始當然會有點猶豫，畢竟過去在韓國經歷好幾次的落榜陰影，讓我遲遲不敢踏出腳步。我很害怕，不知道自己能不能考上哈佛，要拜託別人寫推薦函也非常小心翼翼，擔心被嘲笑。所幸我沒有放棄，終於將入學證書拿到手。

終於到了哈佛

開學第一天，到了這間全球首屈一指的頂尖學校「哈佛」，我預期讀書的氣氛會很嚴肅又認真，非常緊張地打開教室的門。不過，撇開詞彙水準不談，其實這裡跟幼稚園沒兩樣，我說的就是，當老師念童書並提問時，小孩子們會吵吵鬧鬧地搶著舉手說「我！我！」，這裡的討論就是這麼熱烈。我絕對不是話少的人，但看到這麼多人可以吵鬧這麼久，真的讓我驚呆了。

在「學數學」和「教數學」的立場上值得思考的問題，真的全都會當成主題來討論。其中有一場討論令我印象深刻，那天我們在討論「高中數學課該不該開放學生使用計算機？如果要開放，要開放到什麼程度？」

就如前面提到的，美國從高中開始就可以在上課和考試時使用計算機。最近新型的計算機功能非常多，可以解方程式、畫出函數圖形、計算矩陣等等。若將這種複雜的計算交給機器，學生學數學時會不會更有趣？還是反而會讓數學變得更無聊？計算機會不會剝奪親自辛苦地解題後導出答案的成就感？如果有人能想出優秀的數學點子，卻計算得很慢、算不出正確答案，那麼或許計算機能幫助他降低進步的阻礙？

從強烈反對的意見「就是要禁止學生使用計算機」、部分贊成的意見「允許使用特定功能」，到全面贊成的意見「開放使用所有類型的計算機」，各種意見不斷湧現。有個同學開玩笑說，如果我們向教育部提交禁止高中使用計算機的提案、推動不使用計算機的運動，那麼隨身計算機市場的霸主——德州儀器（Texas Instrument）應該會雇用殺手，這番話引來一陣哄堂大笑，讓我印象深刻。

當然還有很多其他深入的討論，但為什麼對現在的我而言，關於計算機的這個小議題反而讓我印象特別深刻呢？應該是因為它直接點出如今數學教育要怎麼改變的難題。大數據、物聯網（IoT）、自動駕駛等以前沒聽過也沒看過的嶄新技術正持續出現，並且逐漸滲透到我們的日常生活中，往後如果正式進入第四次工業革命，就會出現更多我們陌生的尖端技術。所以就如同在第一章提到的，現在學數學的目的不是要變成電腦，是迫切需要學習如何使用電腦。

問題是時間有限，但該教的東西越來越多，也越來越深奧。過去我把很會計算當成一種能力，十二年來都只練習如何快速、正確地解題，所以一開始對於美國人教小朋友數學時讓他們使用計算機並沒有那麼樂觀。但我在哈佛體會到，之所以提到用計算機，並不是單純地為了減少計算時間，而是為了討論該在那時間做什麼，經此，我的想法就改變了。如果現在的我回到當時，我會毫不猶豫地說：「一定要用計算機。」

哈佛的兩年時光都在熱烈的討論中度過。我們討論著，什麼樣的數學才不會在考完試後就消失，什麼是往後我們該具備的基礎數學教育，以及如何有效地傳遞這些知識。我每天凌晨四點半起床讀書，在無數的課堂討論戰當中累積戰績，不斷努力找尋答案。

在現今世代，數學已經是必備知識，我感受到只是當個「好的」數學老師還不夠，於是我下定決心，要好好引導孩子們，不讓他們踏上像我這樣愚笨地讀書、走上重考的路程，並期許自己能成為他們在出社會後，甚至很久以後都會感謝的數學老師。沒錯，我終於在哈佛找到了我將會傾注一切投資的人生目標與夢想。

第三章

歡迎來到充斥數學語言的未來

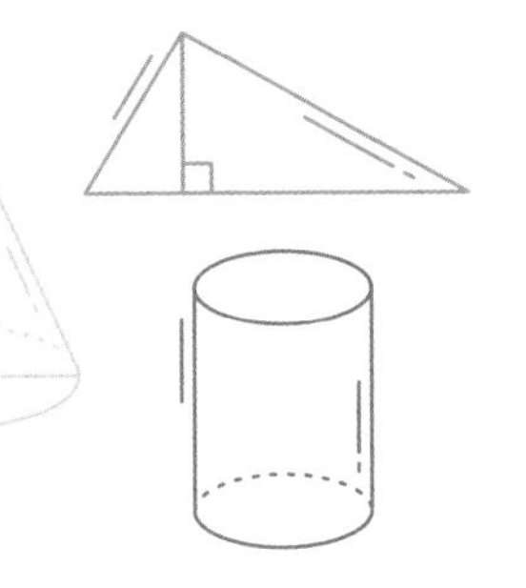

今天和昨天截然不同

自從二〇一六年世界經濟論壇上，創辦人暨主席克勞斯．史瓦布（Klaus Schwab）提到「第四次工業革命」，以及Google的人工智慧「AlphaGo」與韓國職業圍棋棋士李世乭展開激烈交戰後，我覺得大家對數學的態度和視角改變了許多。以前數學主要都是學生在讀，但最近的趨勢是連成人也重新學習數學，為的是避免被未來的科學技術支配，尤其現在當紅的就是運用在人工智慧演算法與大數據的微積分或統計。我覺得已經到了一個「數學就像是外語入門課本」的時代。

當然，可能會有人反問：「又不是非得瞭解智慧型手機的原理才能使用智慧型手機。」還會接著問：「為什麼要痛苦地學數學？」實際上學生最常問的問題不是某個數學概念或題目，而是「老師，我為什麼要學數學？看起來真的沒什麼用處耶！」

先讓我岔個題。你知道在亞洲流傳超過五百年的著名小說《三國志》嗎？裡面有個將軍叫做呂布，以打仗實力來看，他應該是三國志裡排名第一的人。不過，這傳說級的人物卻在三國志的開頭荒謬地死了，因為他完全沒有思考到未來要效忠哪個主公才能在最後一統中原，只要眼前出現對自己稍有利的選擇，他就會不留情面地砍下現在的主公的腦袋，重新發誓效忠新的主公。我可以大膽地說，這就是看不到大局，只顧著追求眼前利益之人的下場。

數學也是一樣，現在使用電腦、智慧音箱確實不需要數學。講白一點，打開電源登入時，不需要解開聯立方程式嘛！不過，世界正在發生的改變不允許我們只是舒服地坐著，等待科學技術急速發展的香甜果實成熟後掉下來。原本數學是屬於專家的語言，但未來終究會擴大成我們所有人的語言，這都是有原因的。

現在請大家一起回溯到一百年前的紐約曼哈頓市中心。一九〇〇年第五大道上幾乎都被馬車占滿，車子僅有少數幾輛，但僅僅過了十幾年，就發生了滄海桑田的變化，街道上幾乎看不到馬車，滿滿都是汽車。當時的人們應該無法感受到如此的劇變，因為每天都過得很忙碌。在這過程中，餵馬的店、賣馬鞍的店、提供空間讓馬匹休息的店，都逐漸隨著客人減少而倒閉，而那些空位開始被加油站和洗車場填滿。

有句話說，「溫水煮青蛙」，青蛙在逐漸加熱的鍋子裡無法察覺到溫度的變化，最後就死了。那麼現在的我們呢？我們晚上覺也不睡地腳踏實地工作，卻沒有察覺到世界和產業正在改變，未來的我們會不會像嘆氣的青蛙那樣說：「唉，原本好好的公司怎麼會突然變成這樣？」現在這時刻跟一九〇〇年代初期的狀況沒有差很多。咦？還是應該說已經差很多了？我的意思是，現在消失的東西並不是馬車帶領的產業，而是人腦帶領的產業。

沒錯，在第四次工業革命會被取代的就是原本認為只有人類才有的智慧。這種變化將會撼動既有的產業，不，應該是撼動文明的根基。因為大數據、人工智慧、區塊鏈、雲端等等的新科學技術，不僅會全面改變法律、宗教、產業、教育等社會結構，還會改變個人的活動、選擇、慾望的運作公式等等。人的體力輸給機器、精神力輸給人工智慧，這樣說來，難道還有人類能立足的地方嗎？看來如果無法適應新環境，就連平凡地餬口都很困難。

如果不希望自己變成在鍋裡等水沸騰的青蛙，瞭解「數學」這語言就非常重要。咦？為什麼會是這個結論？是要騙我去讀書的話術嗎？現在為止就算不懂數學，還是能使用尖端的科學技術過著便利的生活啊！老實說這種反應完全在我的預料中，所以接下來我打算以受到最多關注的大數據和人工智慧為例子，來支持我的主張。希望各位能藉此描繪出新世界的藍圖，並領悟到不久的未來有多麼需要數學。

大數據能做出精準預測

以「薛丁格的貓」聞名的物理學家埃爾溫．薛丁格（Erwin Schrödinger），也非常關心生物，尤其他最想知道的問題是：「為什麼生物，尤其人類，是由這麼多的細胞構成的？」而在其著作《生命是什麼（What Is Life?）》中，他提出了自己的解釋。

簡單來說，在細胞中勢必存在著一定比例的故障細胞，雖然比例是固定的，但整體細胞數量越多，就能相對地降低這些不良細胞帶來的影響。正常細胞越多，對生物來說絕對是越有利的，但我們該關注的是大自然的法則，也就是說，無論什麼，數量越大，整體當中扭曲的部分就會越少。

在擲正六面體的骰子的時候，如果最多只丟六次，就無法驗證「出現1的機率是六分之一」的理論，有可能連一次都不會出現1，也有可能六次都是1。不過，如果丟六萬次，我敢保證出現1的機率會非常趨近於六分之一。什麼？你說有可能發生非常非常不可思議的奇蹟，六萬次裡一次都沒有出現1嗎？那就丟六億次看看！這次一定會出現能驗證理論的結果。

唉唷，你就丟丟看嘛！雖然這種話聽起來可能很不負責任，但這就是大數據的本質。真的只要有壓倒性的樣本數量，就能降低其中偏離標準、扭曲結果的樣本帶來的極端影響。因此，只要好好運用大數據，真的能做出很精準的預測。

現在已經瞭解「大數據」是什麼了，那要如何收集並分析現實中的眾多資料呢？舉例來說，假設你想要知道每日攝取堅果的數量和膽固醇數值的相互關係。古老的方法就是拿著金錢和數不清的咖啡兌換券去募集受試者，然後將他們分成「每天吃堅果組」和「不吃堅果組」，並長期追蹤膽固醇的數值，這樣做下去就會發現因外部因素而出現的變數。有些人因為肥胖，所以膽固醇數值不容易下降；有些人先天就有膽固醇的分解因子，就算不吃堅果，數值也容易下降。如果要降低這種變數，就要盡可能募集到最多的受試者，但現實狀況往往是預算有限，再加上，如果不是堅果而是藥品的生物實驗，費用真的不容小覷。

但是，假設你得到全國所有工廠的堅果產量、所有批發商的堅果銷售量、所有消費者在線上和線下購買堅果的數量，也能知道那些消費者在醫院測量的膽固醇的數值。那麼只要分析這些大數據，幾乎就能正確掌握堅果攝取量和膽固醇數值間的相互關係，而且現在這種數據真的可以透過個人的網路活動紀錄、信用卡消費紀錄、醫院診斷紀錄等等收集到。計算出來的結果也能廣泛地運用到各個層面，如：醫生為病人量身打造菜單並開立處方時，公司針對目標客群投放廣告及寄出郵件廣告時，農夫決定要種植哪種堅果時，消費者以有限的預算合理消費時。

能運用大數據的層面無窮無盡。如果餐廳能知道附近上班族在哪天的中午或某種天氣下會想吃什麼食物，就能及時準備適當的食材；如果書店知道附近居民的職業、所得多寡、主要會買哪種書籍，就能知道該展示哪種類型的書，甚至還能知道該對每個客戶推銷何種書籍。岔題一下，有次我在逛網站時突然出現治療禿頭的廣告，我嚇了一跳，我並沒有輸入我的資訊，但Google應該是分析我常搜尋的詞彙、使用時間、點擊的廣告等，知道我是四十歲的中年男性，而且相當在意外表。沒錯。這些就是大數據的威力。

AI 搭配大數據的威力驚人

如果要在現實中發揮數據蘊藏的潛力，需要何種能力呢？

第一，要能讀懂數據。假設你擁有冰淇淋在不同氣溫下的銷售量數據，所謂「讀懂數據」就是指，能夠以圖形繪製數據，並找出函數算式，那麼接下來只要搭配目的使用微分、積分等各種數學工具來探究這些數據就行了。

第二，懂得區分數據裡「需要的資訊」和「不需要的資訊」。不需要的資訊就好比「離群值（outlier）」，這種數值高到不正常時，對整體數據的影響比實際上更大。比方說，假設某棟大樓裡房屋的平均房價是一百萬美元，會不會有人只看到這個數據就覺得：

「哇！這棟大樓裡的房屋都很貴耶！可是那一間只要四十萬，真的賣得很便宜。」然後立刻買下呢？實際調查每間房屋的售價才發現，九層樓裡面各層樓的房價分別是十萬、二十萬、二十萬、二十萬、三十萬、三十萬、三十萬、四十萬、七百萬美元。平均值裡面竟然藏了七百萬美元這個離群值！所以在這個情況下，不應該看平均值，應該要看中位數（將數據依大小排序時中間的數值），也就是以三十萬美元作為數據的標準。

實際上，數據會比上述例子還要龐大、多樣且複雜許多，人類處理起來會非常吃力，因此提到大數據時自然就會伴隨著人工智慧。自動駕駛的汽車、智慧家電、機器人秘書等等人工智慧不斷地幫助我們處理大數據，所以乍看之下會覺得人類什麼都沒輸入，它們卻懂得自己判斷情況迅速反應。

去上班時，如果機器幫忙開車，人類就可以看書或確認簡報資料；就算出門時忘記關瓦斯或是冰箱門沒有關緊，無人房子也會自動幫忙關瓦斯或關冰箱門；機器人會幫忙收包裹，也會幫助孩子寫作業……這就是第四次工業革命時代的日常生活景象。為了讓這一切都變得可能，需要以電腦能理解的語言下指令，並開發出有效的演算法，讓電腦接受命令後花費最少的時間執行。

我來舉個人工智慧演算法的例子。

假設有個題目是要猜出一個以二十六個英文字母中的四個字母構成的單字，大家第一個反應就是沒頭沒腦地開始組合字母，再確認答案對不對。四個字母當中，每個都有可能是二十六個字母中的一個，所以可能的情況總共會有$26\times26\times26\times26=456,976$。假設每一分鐘都將隨機組合的單字拿去對一次答案，那麼就算一天只睡八小時，一天也只能對九百六十個，所以如果要確認完所有的情況，就算一整年三百六十五天都做這件事，時間也不夠。

那麼，如果現在有個人工智慧能更有效率地做到這件事呢？我們先建構一種人工智慧，它會依字母順序詢問四個字母。如果它問「第一個字母是a嗎？」答對了當然很好，但如果答錯了，它就會問「那是b嗎？」如果這次又錯了，它就會再問「那是c嗎？」電腦會這樣依字母順序一一代入，如果答案是「tear」，那麼它問20＋5＋1＋18＝44次後就會找到答案。

可是，這個方法看起來也不是那麼快速。在牛津英文字典裡最後一個單字是「zyzzyva」，這是一種昆蟲的名字，如果人工智慧要按照上述方法找出這個單字，就要問25＋25＋25＋25＋25＋22＋1＝148次（每個字母最多只會問25次，因為最後問「是y嗎？」如果發現不是，就自動知道是「z」）。但難道沒有其他方法嗎？

如果是人工智慧加上大數據，這件事就會輕鬆很多。它會先分析權威字典裡收錄的單字，然後統計每個字母的使用頻率，並將結果整理成如下頁的表格。

接下來，就分成兩組來問，可能性總和為50%的為一組，剩下的是另一組。問第一個字母時就會是：「是e、a、r、i、o、t或n嗎？」（這七個字母出現機率的總和是55%。）接著再將「e、a、r、i、o、t、n」拆成兩組來問：「是e、a、r或i嗎？」（七個字母中這四個字母出現機率的總和是62%。）如果答案是「tear」，就只要問16次就行了。

因為如果答案是tear，那麼在問第一個字母「是e、a、r或i嗎？」會聽到「不是。」那之後再問：「是o或t嗎？」這時會聽到「是。」那麼最後一個問題就是「是o嗎？」聽到「不是。」時就會自動知道是t。以這種方式問每個字母，各問4次，總共問16次後

字母	出現機率(%)
E	11.1607
A	8.4966
R	7.5809
I	7.5448
O	7.1635
T	6.9509
N	6.6544
S	5.7351
L	5.4893
C	4.5388
U	3.6308
D	3.3844
P	3.1671

字母	出現機率(%)
M	3.0129
H	3.0034
G	2.1705
B	2.072
F	1.8121
Y	1.7779
W	1.2899
K	1.1016
V	1.0074
X	0.2902
Z	0.2722
J	0.1965
Q	0.1962

就能找到答案。

跟前面提到的44次相比，這樣做更有效率。相較於隨機或依字母順序詢問的演算法，依頻率詢問的人工智慧已經先接觸到常見單字，所以有更高的機率能快速答對。

這裡特別重要的一點就是，因為有大數據的存在，也就是「所有四個字的英文單字中各字母的出現頻率」，才能實現人工智慧。能不能活用大數據將會對人工智慧的執行能力帶來顯著的差異。

農場系統也是一樣，相較於依照農夫輸入的時間定時提供飼料，利用大數據區分「吃很多的肥牛」和「吃不太下的瘦牛」再調整飼料份量，這樣的農場系統能更有效地管理資源，生產高品質的牛肉。

再加上，以深度學習的方式學習的人工智慧搭配大數據，兩者產生的綜效非常驚人。二〇一六年AlphaGo以四比一贏過人類代表李世乭，它的棋藝是在看遍無數次過往的圍棋比賽後學會的。以人來比喻，它就像是在「精神時光屋」裡數百年來不停地分析專業棋士，再出現於世界上，跟頂多只有二十年經驗的人類棋士一較高下。當時大家對於AlphaGo的勝利相當驚訝，但瞭解人工智慧與大數據的威力後，現在看來也不是那麼令人吃驚的事。

有位解說員坦言，在對局當中，他對於AlphaGo的某一步抱持著懷疑，但等到AlphaGo獲勝時，他才領悟到AlphaGo的用意。深度學習就是這麼複雜，連專家都可能無法瞭解中間具體的過程。即使如此，可以肯定的是，人工智慧的執行能力和結果非常出色，所以往後將會出現新的職業，也就是利用人工智慧找出大數據隱藏的潛力，至於其他無法做到這點的職業，就算現在被當成高級人才，往後也會徹底被淘汰。這件事正持續發生著。

未來是以數學的語言寫的

先別說時代，人類如果要活著，不，如果想要活下來，就要能精通語言。韓國很久以前的趨勢是學中文，之後還有一段時期是在半推半就之下要學會日文。而現在韓國的孩子比起學母語，反而是花更多時間在學官方指定的第一外語「英文」，也有越來越多人學西班牙文、阿拉伯文等具有龐大市場潛力的大國語言。

如今有一個既熟悉又陌生的語言正在浮現，即將成為新的常見語言，那就是「數學」語言。雖然現在這語言只使用在寫軟體程式等部分領域，但往後將可能會取代既有的常見語言，至少會與既有的常見語言並存。數學跟英文、中文、韓文等既有的人類語言非常不同，卻有一點非常類似，那就是如果無法學會，就會被新的語言環境淘汰。

高盛的副主席馬丁．查韋斯（Martin R. Chavez）預言說，未來數學原理將會主導投資。實際上高盛已經以「自動交易演算法」取代以前買賣股票使用的「語法」。那麼精通既有語法的交易員現在怎麼樣了呢？百分之九十九點七的人都被裁員了，六百人當中僅剩兩人，那些空位現在坐著的是電腦人工智慧和工程師。曾經令大家羨慕坐領高薪的股票交易員，現在被公司當成過時的老古董。

那麼讀十年二十年的書，成為像教授、醫師那樣的專家安全嗎？可能會令某些人失望，但事實是這些人也很危險。以熱門職業「醫師」為例，在韓國如果要當醫師，必須先在醫學院讀六年，接下來如果要成為專科醫生，就要擔任實習醫生一年、住院醫生四年、專科培訓醫生兩年，這段期間要不分晝夜地在醫院工作，粗估得花十三年，如果是男生還要算當兵的時間，直到取得「專科醫生」的頭銜為止，大概要花十五年。但是，就算花了這麼多的時間、金錢和努力，未來還是可能被人工智慧的醫師所取代。

實際上IBM已經開發了一套專門診斷癌症的人工智慧系統，名為「華生醫師（Watson for Oncology）」。華生醫師能快速讀完最新論文來更新知識，所以當它分析如超音波、電腦斷層、核磁共振等影像資料時，能以非常高的準確率診斷癌症。世界名醫也可能因為當天狀況不佳而出錯，但華生醫師不需要睡覺、不會有壓力，也不會生病，以雇主「醫院」的角度來說，是非常有吸引力的勞動力。不過，機器怎麼能完全取代人類醫師？這當然還存在著爭議。但不管怎麼說，原本以為經過辛苦的訓練期間後，醫師這工作一輩子都是穩定的保障，這樣的想法在未來已不適用，現在如果沒有找出新角色來遞補即將失去的角色，就無法生存下去。

很多人應該都曾懷抱浪漫的夢想，期待有天可以住在國外吧！不過，如果真的要到其他國家生活，最先該具備的能力就是「語言」。想要就讀英國或美國的學校，就要精通英文；想要去日本就業，就要會日文；想去南美洲做生意，就要瞭解西班牙文到一定的程度。在這個邏輯之下，我想大膽地借用牛頓說過的「大自然這本書是用數學的語言寫的」，改為「未來是以數學的語言寫的」。

科學技術正全方位地占領我們的生活，不僅是讓生活變得方便，還會決定社會結構，甚至強大到能操縱我們的慾望。為了在這種時代中閱讀全局、掌握變化形態，以及積極地適應變化，我們要提前瞭解「數學」這語言。如果你有個朋友只懂得母語，光是對某產品有自信就誇下海口說要去國外創業，難道你不會阻止他嗎？這朋友根本沒想太多，覺得語言去當地再學就好，難道你不會叫他至少要學會打招呼的說法再去嗎？現在必須學數學的原因也是如此。

私人企業已經強烈地颳起變化的風潮。比方說，二〇〇〇年代初期，很多公司的重要幹部都是主修管理學、經濟學的MBA。美國的MBA不只有美國人，許多世界各地的人都為了擠進來而搶破頭，就算學費高昂也總是爆滿。不過，最近MBA的經營規模正在縮減，也陸續傳出有些地方名額未滿，因為現在的趨勢反而會任用主修理工或資工等科系的人作為企業的CEO。

進入華爾街的數學家詹姆斯．西蒙斯（James H. Simons），開發出投資演算法而成為世界百大富豪，他曾說過：「我是因為擁有數學知識才能累積如今的財富。」Google的CEO桑德爾·皮查伊（Sundar Pichai），帶領員工把IE擠出市場，讓Chrome成為第一名網頁瀏覽器；微軟的CEO薩蒂亞·納德拉（Satya Nadella）帶領微軟重返巔峰；山塔努·納拉延（Shantanu Narayen）當上Adobe的CEO後，讓Adobe從製造PDF、Photoshop的公司擴張成多媒體軟體的開發商，這些人都是來自於數學強國「印度」的理工學家。大家都知道，印度人是憑藉雄厚的數學能力支配矽谷的。

老實說我身邊不只有一兩個同學或學生像這樣從遙遠的國家來到美國，在無親無故的情況下想要在這裡展現自己的數學實力。不過，現在我想介紹一個最令我自豪的人，那就是我的老婆。

靠數學維生的夫妻

她是我的學生，我們偶然間在教會中認識。初見面的印象覺得這女生體格有點大、充滿自信。我們第一次相遇時，我還是大學生，當天禮拜結束後她說有個題目不會算所以來找我。一開始，我是個數學很好的哥哥兼老師，我老婆是一個想學好數學的妹妹兼學生。現在回想起來，當時她真的是拿著一個難到很誇張的題目來詢問我，後來我問她才知道，她只是想跟我聊久一點才那麼做的。不過，當時我壓根不曉得她的意圖，只是想努力多教她一點。我們的緣分這樣開始後，感情越來越深，等到她上大學後，我們自然而然地發展成男女朋友關係。

我的老婆就讀阿姆赫斯特大學（Amherst College），雙主修經濟學和資訊工程。她非常聰明，學科成績都拿A；充滿正義感，看不慣不公平的事；就算通宵喝酒，體力也好到不會累，她幾乎是十項全能，更重要的是她的英文比我好太多，所以人緣也很好。

但是再怎麼說，一個東方女子要在美國就業真的不容易，雖然大家都很羨慕說美國充滿機會，但其實這裡也有「玻璃天花板」，那時候韓國的女生，除了應徵跟韓國做生意的公司的行銷職缺之外，沒有什麼適合的工作。不過，很令人驕傲的是，現在，她在波士頓的聯邦儲備銀行擔任高級分析員，已經工作滿七年了。她獲得上司的肯定，能對員工下達指令，是非常帥氣的職業婦女。當時同屆的學生當中，東方女性只占百分之五。

偶爾老婆早點哄小孩睡之後，會纏著我要一起喝一杯，如果我因為要備課而拒絕她，她就會嘟著嘴說：「反正你教了，學生什麼都記不住，之前你教我的，我統統忘光了。」雖然知道她只是幼稚地在開玩笑，但老實說有時候聽到她這樣講，我也會被激怒。不過，我們很清楚，我們都是靠數學維生。

我老婆偶爾也會炫耀說，面對整頁都是龐大數值的excel試算表，她光是看一眼，直覺就會告訴她數據哪裡有錯，所以只要仔細觀察那裡，就會發現問題點，沒有一次例外。她說：「應該是因為我從小就跟你學數學才會這樣吧？」每次聽到她自豪地說，公司小組覺得她這種通靈般找出疑點的能力是一大王牌時，我就在心中吶喊：「沒錯，這就是我教數學的意義！」

舉例來說，假設有一個正常的銀行預備金成長圖，但某個時期預備金突然大幅下降，然後再突然大幅上升。整體來看，加加減減之後，還是回到原本的金額，所以只看結果會覺得沒什麼大問題。不過，以監督的立場來說，這就是不對勁的地方，內部有可能存在著非法的資金流動，所以如果能揪出那數據的流向，就能向上級報告要求檢查那段時間發生了什麼事。像這樣掌握變化形態並推導意義的過程，也是數學思考的一部分。在傳統上由白人男性主導的金融界裡，我老婆能抬頭挺胸地做自己想做的事，簡直是真正的數學教育栽培出的人才中的人才，不是嗎？

韓國教室生產出新一代文盲

為了避免我們在不久的未來、在新的「語言文化圈」裡變成文盲，現在急需引進這語言，也就是數學教育。就算我不仔細說明，讀者應該也很清楚，如果無法讀也無法說會變得如何。不過，我很難在這裡完整呈現「數學的語言」具體來說是指什麼，就算把剩下的頁數寫滿數學筆記也不夠，但我會舉一個比較簡單的例子，順便稍微回到令人鬱悶的韓國教育現況。

韓國自教學課程改編後，從二〇一四年入學的高中生，不分文組、理組，統統都不會學「矩陣」。連理工科的學生都在沒學過矩陣的情況下學習本科的內容！太誇張了吧？到底是為什麼？原因是這個主題不適合放在大學入學考試中出題。

然而，矩陣可說是在第四次工業革命時代中最重要的主題之一，因為矩陣是能處理大數據的有力工具，特別是用來對人工智慧下達運算指令；不僅如此，如果想要學習近期物理學裡最受注目的量子力學，就需要使用以矩陣為基礎的線性代數作為工具。光是用說的，各位的感受可能不深，以下我會解釋矩陣如何實際運用在現實生活中。

智慧型手機製造商「三星電子」，為了預測消費者長期購買動向而分析市場，以下為二〇一九年的調查結果。

(1) 今年三星電子在智慧型手機市場的占有率是60%，競爭對手Alkali電子則是40%。
(2) 消費者平均一年會買一支新的智慧型手機。
(3) 去年購買三星電子手機的顧客當中，70%的人在今年也會繼續購買三星電子的手機，其餘30%的人則換成Alkali電子的手機。去年購買Alkali電子手機的顧客中，90%的人今年也繼續使用Alkali電子的手機，剩下10%的人則換成三星電子的手機。

整理結果後會得到下列表格。

	三星電子	Alkali電子
目前市占率	0.6	0.4

＜目前市占率＞

去年＼今年	三星電子	Alkali電子
三星電子	0.7	0.3
Alkali電子	0.1	0.9

＜與去年相比的跳槽率＞

將這表格以矩陣呈現後，結果如下。

$$\begin{pmatrix} 0.6 & 0.4 \end{pmatrix} \begin{pmatrix} 0.7 & 0.3 \\ 0.1 & 0.9 \end{pmatrix}$$

假設明年的跳槽率跟今年一樣，那麼將這兩個矩陣相乘就能預測明年的市占率。為什麼表格能算出這些？該怎麼計算？只要學過矩陣立刻就能知道。

矩陣相乘方式如下。

$$A=\begin{pmatrix} a_{11} & a_{12} \\ a_{21} & a_{22} \end{pmatrix}, B=\begin{pmatrix} b_{11} & b_{12} \\ b_{21} & b_{22} \end{pmatrix}$$

$$\Rightarrow A\times B=\begin{pmatrix} a_{11}\times b_{11}+a_{12}\times b_{21} & a_{11}\times b_{12}+a_{12}\times b_{22} \\ a_{21}\times b_{11}+a_{22}\times b_{21} & a_{21}\times b_{12}+a_{22}\times b_{22} \end{pmatrix}$$

把我想成是電腦，交給我計算吧！

$$(0.6 \quad 0.4)\times\begin{pmatrix} 0.7 & 0.3 \\ 0.1 & 0.9 \end{pmatrix}=(0.46 \quad 0.54)$$

根據計算結果，明年的市占率分別是三星電子46%、Alkali電子54%。更重要的是，現在不僅可以算出明年，甚至能算出十年後的市占率，只要把跳槽率的表格乘十次就行了。如果每年的跳槽率都是維持現在的狀態，那麼十年後，三星電子的市占率就會是25.2%、Alkali電子的市占率則是74.8%。透過這種計算就能預測未來的需求，防止因供不應求導致沒有商品可賣，或是因供過於求導致商品累積在倉庫裡。

不過這裡有個問題，如果一開始市占率的差異更大，那麼十年後的狀況會不一樣嗎？假設現在三星電子的市占率是80%、Alkali電子的市占率是20%，那會怎麼樣？很有趣的是，計算後會發現結果幾乎是一樣的，三星電子是25.3%、Alkali電子是74.7%。也就是說，現在的市占率意義不大。每年有多少忠實客戶回頭購買自家公司的產品，才會決定最終的市占率。知道這個道理的公司都為了守住原有的客戶、吸引新客戶而展開激烈的行銷戰，以此鞏固或提升在市場上的地位，尤其三星電子不能因為目前市占率高就放心，要趕緊為了未來採取適當的應對措施。

在這案例中的計算，以人類大腦尚能充分做好，不過現實中，競爭的公司不會只有三星電子和Alkali電子兩間，隨著行業的不同，也可能是數十間公司像春秋戰國時代那樣各據一方。這種情況下的算式，表格（矩陣）的行和列各有數十個，看起來會很可怕，而且為了更精準地預測，不僅要計算現在的市占率和跳槽率，還要納入更多的資訊，如此一來，要相乘的表格種類也會增加。除此之外，總計多達數萬個的數值該怎麼收集呢？實際上調查員也不可能親自走訪調查。不過，只要利用每間商家及時儲存在雲端的龐大銷售數據就能解決問題。

這還沒結束，我們該怎麼在粗糙的大數據裡找出我們想要的資訊，也就是市占率、跳槽率？此外，我們是以什麼目的、想知道什麼結果而把什麼樣的矩陣相乘？還有，要怎麼把眾多數值統統相乘？又要如何在得到的結果中推導出一個有意義的結論？什麼東西能幫我們判斷各個方面，還能幫我們完成複雜的計算？沒錯，就是人工智慧！在第四次工業革命時代，我們將使用高水準的人工智慧，相較之下，現在的電腦只不過是比較進步的算盤罷了。

我們要思考，如果要為人工智慧設計程式，該如何擷取有意義的數據，建構最佳的矩陣？此外，這些矩陣該在何種運算中以何種順序組合？現在你在人工智慧這華麗的未來技術中看出矩陣的意義了嗎？然而，現在的教育卻因為考試沒有鑑別度，而決定刪除矩陣，這種行為就跟為了抓床蝨而燒掉三間草屋沒兩樣。我想說的是，世界正在如此急速改變，但韓國學校教的數學依舊是為了考試，無法教更多的東西。

數學是明日所需的語言

全球暢銷書《人類大歷史（Sapiens）》的作者哈拉瑞（Yuval Noah Harari）預言說，未來將會因第四次工業革命而出現無用（useless）階級。面對這種狀況，如果我們還安逸地想：「反正我數學成績很好，應該沒關係吧！」這就像是看到海嘯即將湧來，還覺得自己很會游泳，所以沒關係。在海嘯面前，連奧運金牌得主也無法存活，所以千萬不要覺得自己能夠藉由游泳在海嘯中活下來，而是要在海嘯來臨前尋找其他對策。雖然我無法完美地提出那對策是什麼，但很確定的是，至少要有像樣的數學教育。

不需要達到深奧的「最尖端數學」，光是看到前面提到的矩陣，也能知道第四次工業革命時代該學習的數學是什麼，現在學校教授的數學應該要以此為中心重新編訂。就算很會解題、得到很高的課業成績、在大學入學考試拿到高分、進入知名大學，卻很難找到喜歡的工作、很難進入理想的企業，說得更直接一點，社會上有越來越多的高學歷失業者，而這才是現實狀況。

所以，韓國新教育課程的變化令人遺憾，那些在未來不可或缺的數學概念，正被不適合出題或沒有鑑別度這種理由刪除，然後繼續堅守五、六十年來傳統入學考試的數學框架。韓國過去因多虧了有科學的文字——「韓文」才提升了識字率，但現在「未來的文盲」卻正急速增加中。今後，數學不該只是入學考試的項目，而是要開始學習作為語言使用的數學。

正因如此，我會繼續仔細地講述前面說到一半的我在哈佛的故事。原本只會說「Yes」和「No」的我，之所以最終能在美國大放異彩，可以說是因為這裡的社會氛圍提早將數學視為語言。就算英文不好，我還是在這裡流暢地發揮語言實力，現在完全是個「語言專家」。在我接下來的經驗談裡，將有各位應該要開始學數學的起點，希望各位能仔細聆聽。

第二部

我的
哈佛數學時光

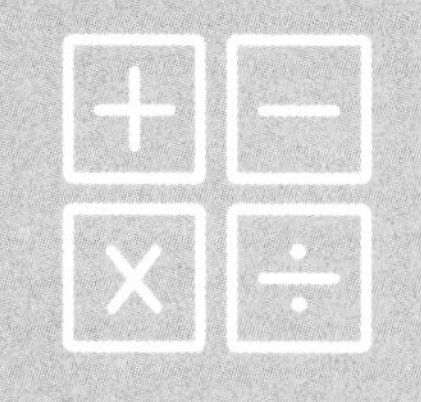

第四章

哈佛，我來了

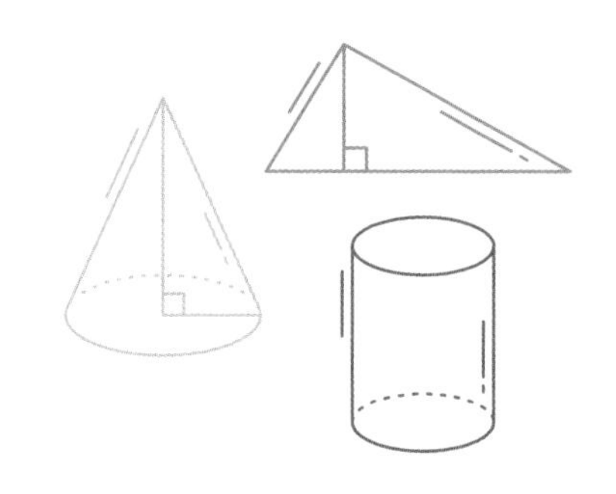

與生俱來的 TMI 本能

在麥當勞點了麥克雞塊，被問到「您需要什麼醬料？」時，我真的就是會一直重複回答「Yes」、「No」的傻瓜，但其實我本來是個愛講話的人，也喜歡跟別人說明東西，硬要分類的話，我應該屬於外向的人。我有一個很會講解的天分，我可以像市場上叫賣的人那樣，從週末看的電影聊到昨天看的新聞，用我自己的語言講個不停。所以小時候我在學校裡還蠻受歡迎的，老師有次甚至特地給我機會，讓我站上台講話，說不定我是因此找到現在的天職。

不過，在我生長的七零年代的韓國社會不覺得男生話多是一件值得稱讚的事情。所謂的成熟男性，應該要穩重、不常開口、多做事、少說話，這個觀念幾乎是洗腦似地深植在很多人的腦中。好在我因為成績好而沒有常被罵，萬一我成績不好，可能就會被人敲頭說，「這小男孩怎麼話這麼多，煩死人了！」

想為別人提供TMI（Too Much Information）的這個天分，到現在都還很活躍，有時候身旁的人也會因此受不了，尤其只要提到數學，我的大腦裡就好像有某個開關被啟動一般，不管有多累、多想睡，頭腦還是會突然變得很清楚，對對方的好感度還會大增，感覺全身都充滿了腎上腺素，甚至誇張到參加夫妻檔聚會或在美國的韓國人聚會時，我老婆都會對其他人再三強調：「不准提到數學！」只要我一開始聊數學，甚至連她已經自己開車回家了也不知情。

不過，要是我在意身邊的人的觀感，講到一半就不講了，應該就不會有現在的我了，所以我對於自己這個TMI的本能非常自豪，因為我相信，這就是讓我進入哈佛的原動力。

等一下，你說你要考哈佛？

想必讀到這裡應該會有人歪著頭懷疑：「什麼？重考生讀哈佛？」在韓國考大學三次都失敗、退伍後逃到美國的人，竟然可以讀哈佛？其實一開始連我爸媽聽到消息後都半信半疑。

我回顧過往的人生，進入哈佛這個殿堂真的像是在作夢。

時間先稍微回到二〇〇一年，當時我從大學畢業後搬到休士頓，懷抱著能當富豪的美夢，跟朋友一起開了間韓法混合的餐廳，販售亞洲蓋飯。一開始生意非常好，甚至還上了當地報紙，但最後撐不過兩年就關門了。之後幾年也嘗試過其他工作，可是都沒有我喜歡的，工作一直不太順利。後來在二〇〇六年因緣際會教起小朋友數學，反而是這份兼差工作獲得了非常好的反應，到了二〇〇八年，在教授朋友的介紹之下，正式開始在留學院（提供留學資訊和代辦留學手續的營利機構）教數學。

應該有人還記得，在二〇〇〇年代初期，韓國吹起到美國留學的熱潮，其中會來波士頓的人，家庭背景都很富裕。這裡的物價高得嚇人，光是修洗手台的水龍頭至少要美金一百五十元。那麼誰會來波士頓留學呢？十之八九是一流企業的高階主管、大牌法律事務所的律師、大學教授或企業家的第二代。我只有在濟州島騎過短腿馬，卻遇過學生給我看照片說，那些都是他家的馬，也有學生說，在波士頓聚集有錢人家的紐伯里街（Newbury Street）裡，有個街區是他家的。真的，不是在開玩笑。

這些小孩不僅從小學英文、數學，基本上都學過芭蕾、鋼琴等藝術和體育，也體驗過家教、補習班，他們都是「補習專家」。他們跟逃離韓國的我完全不一樣，他們的課業成績絕對是全韓國頂尖的水準，所以教室如果來了新老師，就會有種緊繃感，說得誇張一點就像戰火即將引爆一樣。老師雖然是在教學生，但同時也被學生評價，如果沒什麼實力，反而得在孩子冷漠的態度中黯淡退場。再加上還要面對來自補習班老闆和學生家長的「建議」，我為了能在這種殘酷的現實中生存下來，可說是使出了渾身解數。

我一開始只是時薪五萬韓元（約四十美元）的代課老師，負責科目是SAT數學。第一天的第一堂課只有六位學生，老實說我不記得當天講了什麼，至少可以確定，第一次打開教室門的緊張感消失了，不知道從什麼時候開始，我整個人享受在教書當中。在陌生的美國土地上，我體內那長久被遺忘的TMI基因終於開始活躍了。

面對無法理解、傻傻地看著我的學生，就算我說：「好，我會再說一次，要好好聽喔！」他也不會因為聽兩遍說明就聽懂，因此我要改變說明的方式、舉不同的例子，或仔細檢查先前說明的概念是不是有漏洞再往下教。多虧了我天生的TMI本能，就算我以兩種、四種，甚至十種方式對學生說明同樣的內容，我也不會疲憊。我沒辦法趕走主動來找我的學生，就算已經下課了，我還是常常留到最後，回答學生們的提問。有時候就算已經連續上了超過八小時，我還是因為太喜歡教書，而沒有感受到疲累。

就這樣過了三、四年。偶然找到的補習班老師工作比我想的更適合，而且很幸運的是，當時非常需要很會教數學的老師，所以越努力，結果就越好，也越來越有趣。不知不覺間，我成了波士頓各家知名補習班間的明星講師，甚至還有補習班老闆拿著空白支票給我，要求我去教他們補習班的VIP學生。除此之外，還有人想要挖腳我去跟他一起合開補習班。我的授課生涯到我寫這本書的二〇一九年為止，沒有過任何退步，學生數量每年都在增加。知名咖啡製造商第三代、韓國頂尖釀造公司的第三代、大型律師事務所的律師兒子、醫院院長的子女等等，那些知名人物大家多多少少都聽過，而我正在教他們的子女或孫子女。

有好一陣子我都沉浸在成就感中，就算一整天都在討論、備課、上課，行程塞得滿滿的，我也不會累。俗話說，「稱讚能讓鯨魚跳起舞來」，我就像是陶醉在金錢和人氣當中暴衝的火車頭。但不知道從什麼時候開始，我的心理開始感到疲憊，教學方式重複且老套，想教好每位學生的滿腔熱血也消失了，甚至產生一種「我不需要全力以赴，教得差不多就好了」的念頭。再加上，我發現自己已經離開學校超過十年，這段日子以來都沒有時間提升數學實力，「數學」這口井開始見底的不安感持續增加。

不過，讓我真正懷疑自己的最關鍵因素，是原本許多學生和家長聽聞我的名聲後來找我，但最後他們卻跑到從知名大學教育學系畢業的老師那裡。坦白說，在當時的波士頓補習市場中，我的學歷和經歷並不亮眼。包含哈佛在內，真的有很多老師都是從常春藤聯盟或MIT（麻省理工學院）畢業的。我需要動力讓自己更進步，當時是我第一次想去念研究所學更多東西。

而且決定要念研究所後，我發現有很多優點。首先，在美國麻州，只要有教育學系的碩士學位，就能當學校老師，尤其市立學校的老師能享受到很好的福利。美國市立國高中的學費超乎想像，一年的學費加上寄宿家庭的費用會達到四、五萬美金，但如果是教職員的子女，大部分的學費都免了，如果我兩個小孩都讀市立學校，每年都能得到足夠的學費補助。雖然我不想要用錢來衡量孩子和職業，但這點真的很吸引人，難以抗拒。

一開始我也覺得這個挑戰有點過頭了，還有人跟我說，現在的收入已足夠維持生計，何必要去念書呢？因此我大概掙扎了半年左右。在我人生當中連一次都沒有考上想念的學校、或一次就找到想做的工作，這陰影讓我裹足不前。不過很多貴人建議我，與其浪費那麼多時間煩惱，倒不如去挑戰看看，就算失敗也無妨。因此我下定決心，既然要讀，就要讀最好的學校。

從波士頓後灣這側走過哈佛橋，就可以看到兩側MIT的建築物，然後經過劍橋市政府、更往裡面走就會看到哈佛校區，穿過著名的紅色標誌「哈佛大學」後，直到北邊的哈佛法學院為止，一整排都是無數個校區和寄宿家庭。一想到這裡的觀光客比在校生更多，可能有時候會不方便，但我也想感受看看「我是這個學校的學生」的自豪感。我就這樣大膽地去哈佛找負責人。

週五下午的面試奇蹟

蘇珊．坎達兒是哈佛研究所入學諮詢的負責人，她真的很親切，一開始我想要申請的是哈佛教育研究所旗下的一年期碩士課程TEP（Teacher's Education Program），於是我一一詢問學費多少、時間多長、課程和實習會怎麼進行等等。不過聽完她的說明後，我發現難度比我想的更高。蘇珊再三強調，若沒有全職投入，將很難讀完這個課程。不過，當時我的情況並不輕鬆，老婆剛換工作，還懷著第二胎，所以我沒辦法光是讀書不工作，這讓我非常沮喪。我好不容易下定決心到這裡，真的沒有其他方法嗎？

這時，蘇珊告訴我延伸教育學院的研究所課程，屬於在職進修課程，可以一邊繼續工作一邊讀書，成績優秀的學生能夠跟TEP的學生一起上教育學系的課。這個課程也會提供任職學校老師所需的碩士學位，學費也能分年支付，是為白天上班、晚上讀書的人量身打造的。於是我在上完入學必修科目的課程、獲得所需成績後，就開始找教授面試。

我依然記得，那天是個讓所有人都會變得放鬆的週五下午，天氣特別好，街上人非常多。我穿梭在觀光客裡，找了好一陣子的路，好不容易趕上面試時間。我在學校前的星巴克見到負責延伸教育學院數學教育碩士課程的英格爾伍德教授。他是個美國人，適當的身高搭配像湯姆克魯斯的帥氣臉蛋，非常引人注目，他早就在座位上等我，看到我進來後立刻起身開心地迎接我，我也露出燦爛的笑容跟他握手，但還是無法避免面試時特有的緊張感。

坐下後，他開始詢問我的經歷和背景。大部分申請者都是美國現任教師，但我是在學校體制外教書，所以他非常感興趣，尤其他說，哈佛最大的苦惱之一就是「如何盡可能為不同水準的學生提供符合他們的教育」，我便強調我的經歷是在補習班教過各種學生，也說出很多我的故事，述說我有多麼認真地照顧每個學生。

我發現當我開心地說個不停時，他都默默地聆聽著。我也提到了關於韓國的事，我說我是在被公認為「數學強國」（真的還好他也是這樣想）的韓國學數學的。他比我更瞭解韓國的太空產業，他提到當時韓國發射的千里眼衛星，他認為，韓國這小國經歷被殖民的陰影和戰火的摧殘後，五十年內就能發射出人造衛星，這就是數學教育的威力。於是我說：

「不過很可惜的是，因為急著在短期內看到成果，所以基礎並不扎實。數學教育也是一樣。」

「你可以說得更仔細一點嗎？」

「就如您所知的，數學原本是個定義（definition）的學問，所以如果學了三角形，基本上就會瞭解三角形的定義；如果學了圓形，基本上就會瞭解圓形的定義。」

「但實際上他們不是這樣學的嗎？」

「舉例來說，國中會學到二次函數，但如果問學生為什麼二次函數的圖形只有拋物線，以及拋物線的頂點有什麼含義，大部分的人都答不出來。他們不知道『拋物線是一個平面內，一條直線與該直線外的一固定點，距離相同的所有點的集合。』也就是說，他們都是在不瞭解拋物線含義的情況下就畫出拋物線。」

我順手從包包裡拿出白紙，從拋物線的定義開始說明，推導出以拋物線圖形呈現的二次函數的基本算式。我寫了好一陣子才想到「糟糕！我的TMI本性又不知不覺跑出來了！他會不會覺得我很無聊？」我稍微停下筆，偷偷觀察英格爾伍德教授的表情。

「對不起，我講太多自己的事情了。」

「不會啊！很有趣！」

他繼續笑著說：「為什麼你覺得拋物線特別重要？」

「因為只能求得一個最大值或最小值。」

「為什麼求得最大值和最小值很重要？」

我感覺到「就是現在」，現在要揮出關鍵一擊。

「舉例來說，我們可以想想看一九六〇年代NASA載人的太空梭計畫。任務結束後，返回地球的太空梭穿過地球大氣層時會跟空氣摩擦，造成內部溫度升高。對吧？」

「是，沒錯！」

「所以預測溫度會升到多高是很重要的事情，這將在最開始就決定這個計畫能不能進行。如果能以數學算出溫度最高也只會上升到兩千度，那麼就能以這溫度為標準來準備計畫；相反地，如果不知道溫度會變得多高，那會怎麼樣？計畫根本無從進行。製作太空梭、太空衣的材料資源是有限的，不能只是以正常的標準認為『多準備一點就行了』，必須知道耐得住幾度高溫的準確值才能做好準備。而為了能得到定量的數值，一定要瞭解數學才行。」

「沒錯，所以擬定NASA預算才會是每年的爭議。」

我接著按照我一直以來的教學方式，說明利用根的公式輕鬆求得二次函數頂點的方法，以及最大值和最小值的含義，順帶提到相關的微分概念。教授聽得很入迷，到最後都在做筆記，片刻都沒有覺得無趣。他再問我：

「不過，我們是不是應該要先思考，像NASA計畫這種複雜的問題可以只用二次函數來呈現嗎？」

我繼續說明「線性估計法」（參考P.32），就算是複雜的圖形，還是可以將一部分以直線來解釋；同樣的道理，也有方法能用拋物線來估計圖形。因為我們該考慮的條件，也就是氣溫、氣壓、材質的耐熱程度等範圍都是有限的，所以可以像這樣只處理一部分。

在哈佛以數論取得博士學位的英格爾伍德教授，跟我教的學生露出一樣的表情。如果要說哪裡不一樣，那就是學生到最後拋下我去找高學歷老師，但他遞出名片並說好下次見面的時間。用我們的方式來說，我當天就通過了第一次面試。

哈佛不是選擇現在的你，是選擇未來的你

如果想要進入哈佛延伸教育學院，就要通過校方要求的考試，也要在入學先修科目中拿到一定的成績，具備這些要件後，還需要面試或推薦信。尤其我申請的課程相當重視忍耐、包容與完整傳達知識的能力。哈佛認為，老師最重要的素養是「人品」，因此會以多種角度來挑選人才，回顧我入學的過程也是如此。

我在英格爾伍德教授的辦公室內與他見第二次面的時候，因為擔心自己年紀大而被扣分，所以我努力想要好好表現，還天花亂墜地說我很瞭解他住的社區。不過，他竟然牛頭不對馬嘴地問我許多私人的事情，我結婚了沒、有幾個小孩、有空的時候會陪孩子做什麼事等等。其實我準備的是一堆我對於數學教育的哲學和方法，雖然有點慌張，但我還是誠實地回答，結果他露出滿意的表情。這到底是怎麼考上的呢？

後來我才知道，他有個得了嚴重自閉症的兒子，雖然在父母全心全意的努力之下，已經好轉到可以上一般的學校，但他還是忘不了那段痛苦的時期。也許是因為這樣，當我說，我女兒三四歲的時候，每天一大清早都會纏著我帶她去遊樂場玩，那時我會帶著大毛巾出去，擦掉初秋時結在鞦韆和溜滑梯上的霜，這點似乎令他印象

深刻。英格爾伍德教授在上次的面試已經驗證了我的實力，這次他很好奇我對待孩子時有多麼真心。

不僅如此，在我入學後，我有了小組夥伴，他們是山姆（化名）和提姆（化名）。我們三人除了睡覺時間之外，都一起吃飯、一起做作業，幾乎就是形影不離的程度（我們黏到常光顧的餐廳阿姨都說我們是「三劍客」）。後來有一天我注意到，無論是上課時或在咖啡廳時，提姆每次都坐在最左邊。有時候如果他剛好在右邊，就會站起來走到最左邊去坐。因為覺得有點奇怪，有次我沒想太多就問：「提姆，為什麼你非坐左邊不可？」

短暫的靜默之後，提姆露出尷尬的笑容說：「因為我左耳聽不見。」聽到他的回答後，我不知道該怎麼辦，變得非常慌張。就在我僵掉的時候，山姆聰明地插話說：「是喔？我右手比左手更長耶！你看、你看！」

提姆注意到我們感到抱歉的心情，便說出這段時間沒告訴我們的事。他小時候在澳洲玩水時，罹患嚴重的中耳炎，當時因為治療失誤，導致左耳完全失去聽力。雖然他們家在德州養了數百隻牛，生活無缺，但這卻是花錢也無法解決的問題。提姆因此罹患憂鬱症，每天晚上都哭著入睡。

提姆的父母並沒有無限保護或縱容他，而是強迫他到殘障兒童照護中心。提姆在那裡看到失去雙腿的孩子、失去視力的孩子、罹患嚴重小兒麻痺症的孩子，那些孩子過得非常辛苦，但是並沒有抱怨自己的處境，反而努力生活，克服他們缺乏的。相較之下，提姆感受到自己失去的也許不算什麼。他爸爸對他說：「提姆，只要有辦法能恢復你的聽力，我們就算賣掉所有的牛也會治好你，不過以現代的醫學技術沒辦法再多做什麼，儘管如此，我還是希望你不要失去勇氣和希望。看看這些孩子，你一定也能克服。」

之後提姆沒有再抱怨自己的生命，總是帶著感謝的心來生活，後來他也在申請哈佛時將自己的故事寫在自我介紹裡。以教學者的角度來說，這可能是個致命性的障礙，但哈佛正確地評斷這美麗故事的價值與提姆的人品和潛力，賦予他入學資格。（現在提姆在科羅拉多州的一間高中教數學。）

當然可能會有人懷疑「這樣評量公正嗎？」實際上哈佛學生也會因為課程太困難而半自嘲似地說學校是不是選錯人了。（延伸教育學院也不容易畢業，創校以來，入學的學生當中只有百分之零點二可以成功畢業。）不過哈佛總是很有自信地說：「哈佛在選學生時絕對不會出錯。」

提姆展現他的人生、我展現我的人生，而哈佛看到其中蘊藏的潛力。我很幸運的，除了遇到一位讚賞我的面試官，高度評價我的經驗和能力，甚至說我是「女兒控」，當時還剛好有位家長是MIT的教授，他很樂意為我寫推薦函，這一切都像是奇蹟一樣。

面試結束後，我心想「我真的就這樣考上哈佛了！」然後成為真正的哈佛學生。就這樣，我遠渡重洋來到美國後，體驗到成為一個最棒的數學老師，令我永生難忘。

沒有極限的討論課

哈佛是全美，不，全世界的人最想讀的優秀學校之一。諸多人種、語言、經驗和知識，在一個滾燙的熔爐裡不斷進行化學作用，尤其大家都很會講話，彷彿能在他們講話的同時，看到他們腦中的電腦在整理想法。在他們當中一起工作、念書的時候，真的會想盡辦法努力不要落後。很感謝的是，結果我以優等的成績獲得（原本就想讀的）教育研究所的獎學金，得到了很少見的讀書機會。

在教育研究所課程當中，有未來想當老師的哈佛學生，也有很多是現任教師，從四十歲的校務主任、有三個小孩的教師到失明的特殊教育老師等等；國籍包含美國、中國、印度、泰國、日本和德國，非常多樣。這些人的年紀、國籍、文化、價值觀都不同，卻能聚在一起自由地發表意見、交換資訊。如果希臘時代的哲學家、政治人物爭論的阿哥拉（泛指古希臘以及古羅馬城市中經濟、社交、文化的中心）還留存到二十一世紀，應該就是哈佛的教室。

最重要的是，大家都認為從課程到建築物構造，一切的主角都應該是「學生」。一般的教室是書桌和椅子排列整齊地朝向巨大的黑板，但哈佛的教室不一樣，中間有個橢圓形的桌子，學生面對面坐著，教授則坐在橢圓形桌的狹窄邊緣，在教學及說明的同時帶領大家討論。教授不像是韓國常見的典型教授，反而比較接近社會學家和學習指導教練，學生不會稱呼教授為「教授」，而是會稱呼他的名字。助教則從開始上課到結束為止，抄下所有的對話，盡可能收集最多可以回饋給每個學生的資料。

在這樣的氛圍下，參與討論和發表的程度占成績很大的比重，而非考試或作業，至少會占全體成績的百分之十五。想當然爾，有更多人會想多說一些自己的意見，而不是抄下教授說的話；自然而然地，筆記也會盡可能簡化或乾脆使用錄音筆、手機等電子產品。學生會在上課前讀完教授事先指定的書籍或論文，整理並彼此討論要問教授的幾個問題，之後就會在上課時間針對主題深入地討論。在這裡，想法互相碰撞，就像沒有子彈的戰場，在討論中處於劣勢的學生會安靜地磨刀準備下一次。

討論主題沒有限制，也許一開始是：「正規教育課程中哪個數學概念該刪除？」到後來會出現各種提問：「該不該出作業？」「份量多少才適當？」這種討論式課程會令大部分的韓國學生感到恐懼，因為我們都習慣有正確解答的題目，以及想法最靠近正確答案的學生能獲得最高分。理所當然地，我們入社會後也會在乎同事的眼光、上司的評價，不斷地檢視自己的言語，就算被問到主觀的意見，也會顧慮自己的回答是不是對方想聽的，所以不容易開口。

但是哈佛不一樣。在這裡，如果學生懂得表達出劃時代又有獨創性的想法，以及能提出支持那想法的根據，就會得到最高的分數。教授會介紹現在被當成正確解答的想法，並說明被認定為正確解答的原因，但學生只能參考到一定程度，如果學生能提出比教授所教的更新奇的發想來看待問題，就會得到高評價。

更進一步來說，在哈佛學習並不只是在教授的指導下、在教室中進行。大部分的人一想到哈佛的圖書館，會想到懷德納圖書館、卡博特科學圖書館或拉蒙特圖書館等大型圖書館，當然有很多學生會在那樣的圖書館裡努力讀書把知識裝進自己的腦袋，但我覺得學校各建築物一樓的咖啡廳和小型圖書館，更強烈地散發出哈佛獨特的能量。學生三五成群地聚集在這裡吃飯或喝咖啡，同時一起讀書、做作業並討論報告主題。（尤其是教育研究所的古特曼圖書館一樓的咖啡廳完全就是個菜市場！）

哈佛要求學生讀書的方式非常彈性且多樣化。過往老師只會嘮叨說「讀書就是要一個人坐在書桌前」，但這種方式實在是太遜了。我的本能是找出原理後學習，而非純粹背誦，在這樣的本能與講不累的特質綜效合作之下，我在哈佛裡如魚得水，盡情地揮灑。

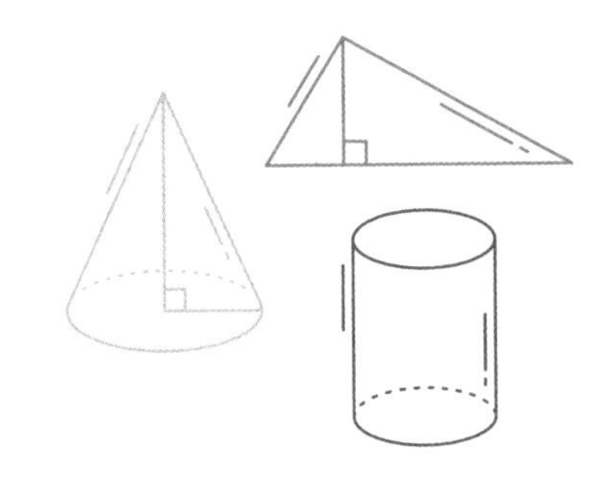

第五章

傳說中的韓國人

哈佛畢業成績「全科 A」

還記得我剛退伍就直接去美國的時候，我住的社區裡有一個大型連鎖超市「Kmart」，某天我想去買一個小桌子放在床邊。那個年代我在韓國從沒去過好市多那種地方，不知道美國大型超市內部如何。我完全是個鄉巴佬。那裡看起來就像是巨人國，超市大到像迷宮一樣，我繞了好幾圈之後就迷路了，好不容易用破英文問了幾次後才終於找到目標物。

不過，巨人國超市不光只是空間大，標價牌也非常大，一個數字就是我手掌大。美國人視力不好嗎？我心想大概是這樣，然後準備要拿起一個價格適當的商品，結果商品竟然放在最上面，在層板的最頂端！他們是在炫耀自己很高嗎？像我這樣的東方人就得請人來幫忙嗎？想到這裡，我開始不耐煩地發脾氣。不過，我沒有叫店員，而是不悅地爬上旁邊隨便擺放的梯子，好不容易把桌子拿下來後，我產生一種奇妙的成就感，好像我克服了身體不利的條件征服了聖母峰的感覺。

於是我把桌子放在大型推車裡，威風地走到收銀台。雖然看不太懂英文，但只要掃描條碼，畫面上就會出現價格，我自信滿滿地想，只要付錢之後馬上離開就行了。不過輪到我的時候，店員突然開始連珠炮似地講了一堆話，因為講得太快，我一句話都聽不懂，只是像烏龜一樣兩眼睜得大大的。

後來才聽出來店員的語氣不太好，好像在跟我計較什麼。我以為他是看到我的外表懷疑我有沒有錢，我自尊心作祟之下就說：「Money? I have money!」同時打開錢包給他看現金和信用卡。結果店員搖了搖頭，打開麥克風開始對整間超市說些什麼話。我明明沒犯什麼罪，卻好像要叫警察來，我開始坐立不安。在當時留學生之間還流傳著，當有色人種講英文講得支支吾吾時就會被誣陷、囚禁、欺負這種怪談。

過沒多久，就有人被叫來，還好那人不是警察，是超市店員，那個店員推著一個箱子過來放上收銀台，然後把我帶過來的桌子拿走。到那時，我才開始理解剛剛店員對我說的話：「欸，你應該要拿下面的箱子，你怎麼會辛辛苦苦地把展示品搬來，請放回去，拿下面的箱子過來。」

我現在才明白，難怪那個東西要放那麼高。其實我也不是沒看到底下有很多箱子，可是我覺得那些箱子太小，應該裝不進桌子，所以沒想到。後來才知道，那是要看著說明書自己組裝零件的商品。現在大家幾乎都認識IEKA，對於這種商品也不陌生，但當時我連一次都沒有想過家具要自己組裝。總而言之，在收銀台鬧了一陣子後才好不容易逃離超市。

一開始剛到美國時，面對不熟悉的環境、不熟悉的文化，每次麻煩到別人時，好像我的臉上都蓋著F開頭的印章。算了啦！說不定他們也會在我的背後說「F**k」。好幾個晚上我都擔心自己英文這麼差，能不能讀完大學，擔心到無法入睡。

誰能想得到這樣的我會大器晚成，到了四十歲以學生的身分就讀哈佛，還拿到優等畢業？我畢業成績是在滿分4.00中拿到3.87。（順帶一提，哈佛的計分沒有A+，A是最高分4.00，A-是3.67、B+是3.33）沒錯，我在以刁鑽聞名的哈佛大學中拿到「全科A」。

這輩子第一次受到全場起立鼓掌

在哈佛，大部分的課程都是相對評分，所以在跟聰明的哈佛大學在校生、經驗豐富的老師競爭之下要拿到A，絕對不是容易的事。其實一開始我很有自信，其他事不講，至少我的數學不會輸給別人，然而在哈佛的每堂課，對我來說都是前所未有的衝擊與龐大的挑戰。

舉例來說，奧利佛教授從一開始到最後都是用電腦上課，他不只教GeoGebra或Desmos這類的軟體使用方法，也會教怎麼製作軟體或應用程式來呈現新的教學模式。從資工系畢業的我竟然又遇到了逃避二十年的程式課！時代持續改變，需要數學的領域也變得多樣化，我們最終也討論現在該多教什麼、該少教什麼（也就是所謂的「核心課程」）。聽著圖論、群論、賽局理論、離散數學，我好像回到很久以前當學生的時候，完全沉浸在數學裡。

當我在補習班日復一日地滿足學生與家長時，沒有這種餘力思考「為什麼要教這個？」「該怎麼做才能教得更有效率？」不過在哈佛的這兩年，我重新上了微積分學、統計學、幾何學等課程，很難得認真思考這些問題。不僅如此，原本散落在我腦中各處的數學知識，開始像珠子串起那般形成體系，建立一個像樣的城堡，彷彿名為「我的數學」的這座井重新冒出水來。

更重要的是，在哈佛腳踏實地地走過數學教育者的專業課程後，我對於我的工作、能力產生信心，這對我而言是最大的成就。

我想要說一個令我相當自豪的事件。有次正在上普通數學教育學的課，當天有五位哈佛大學生作為一組上台報告「該怎麼教機率」這主題。我記不得當時簡報上有沒有出現過剪刀石頭布，反正報告結束後，台下有個學生問，玩剪刀石頭布的時候獲勝的機率是多少。報告者沒有任何猶豫地回答，在一局當中會有獲勝、平手或輸掉的狀況，所以獲勝的機率是1/3，如果平手之後再玩一局，只會有贏或輸，所以機率是1/2。

接下來是重頭戲。報告者詢問大家，以經驗來看能這樣回答，但不知道該怎麼以數學說明，有沒有人知道答案。教授原本在一側的角落觀察我們的討論，忙著在筆電上記錄些東西，但一聽到這裡也抬起頭來觀察我們的反應。那時我突然舉手。

我說，玩剪刀石頭布時，如果要玩到有一方贏為止，那麼可能會在第一局分出勝負；可能會在第一局平手，在第二局分出勝負；可能會在第二局也平手，到第三局才分出勝負；不僅如此，也有可能會在第三局、第四局連續平手，甚至最低的機率是到第一百局、第一千局都平手，這所有狀況都要考慮。

在剪刀石頭布的一局當中，獲勝、平手或輸的機率各是1/3，所以第一局能獲勝的機率是1/3；第一局平手後在第二局獲勝的機率是$1/3 \times 1/3$；第一、二局皆平手後在第三局獲勝的機率是$1/3 \times 1/3 \times 1/3$。

如果用S來表示所有可能的機率的和，就會出現下列算式。

$$S=\frac{1}{3}+\left(\frac{1}{3}\right)^2+\left(\frac{1}{3}\right)^3+\left(\frac{1}{3}\right)^4+\cdots\text{：算式一}$$

加項會無限多，所以如果要加無限多，那麼值會是多少呢？有答案嗎？如果持續加下去，不就會持續增加到無限大嗎？

首先我們先冷靜地在上面算式的兩邊都乘以1/3。

$$\frac{1}{3}S=\left(\frac{1}{3}\right)^2+\left(\frac{1}{3}\right)^3+\left(\frac{1}{3}\right)^4+\left(\frac{1}{3}\right)^5+\cdots\text{：算式二}$$

接下來再從算式一中減掉算式二，計算就比想像中簡單。

$$\begin{array}{rl} S= & \frac{1}{3}+\cancel{\left(\frac{1}{3}\right)^2}+\cancel{\left(\frac{1}{3}\right)^3}+\cancel{\left(\frac{1}{3}\right)^4}+\cdots \\ -)\ \frac{1}{3}S= & \cancel{\left(\frac{1}{3}\right)^2}+\cancel{\left(\frac{1}{3}\right)^3}+\cancel{\left(\frac{1}{3}\right)^4}+\cancel{\left(\frac{1}{3}\right)^5}+\cdots \\ \hline \frac{2}{3}S= & \frac{1}{3} \end{array}$$

這麼一來，就算右邊的項是無限大也全都會消去，只剩下1/3。現在兩邊再乘以2/3的倒數3/2。

$$\frac{2}{3}S\times\frac{3}{2}=\frac{1}{3}\times\frac{3}{2}\qquad S=\frac{1}{2}$$

所以如果要玩剪刀石頭布直到一方獲勝為止，機率就是1/2。

這裡出現的同個數字無限相乘之後無限相加的數稱為「無窮等比級數」。無窮等比級數的歷史可回溯到上古希臘時代，當時有位哲學家叫作芝諾，他曾提出一個悖論（稍微配合現代改寫）：

> 上古奧運選手阿基里斯永遠追不上先出發的烏龜。假設阿基里斯跑的速度比烏龜快一百倍，現在阿基里斯站在0公尺處，而烏龜在他前方100公尺處。如果阿基里斯想抓住烏龜，那麼至少要抵達烏龜現在的位置100公尺處，不過，烏龜在這段時間也會微微移動到101公尺處，當阿基里斯要再到達101公尺處，烏龜又能領先到101.01公尺處；如果阿基里斯又為了抓到烏龜而到101.01公尺處，烏龜又會移動到101.0101公尺處，這過程會無限地持續下去，所以阿基里斯絕對無法抓到烏龜。

這番話很荒謬，就算烏龜從很遠的地方先出發，阿基里斯只要跨幾個大步立刻就能抓到，可是當時數一數二的哲學家當中沒有任何人能反駁這詭辯，所以這問題長久以「芝諾悖論」流傳。

直到近代出現「極限」的概念後，數學家想到無限的概念而終於解開了芝諾悖論。首先要知道，上述過程發生的時間非常短，雖然阿基里斯一開始要跑100公尺需要花幾秒，但後面多跑1公尺、0.01公尺、0.0001公尺耗費的時間，真的快到就是在眨眼之間。我們該怎麼擺脫這「時間的泥沼」呢？就是利用無窮等比級數。

首先，只要分區間計算阿基里斯抓烏龜需要跑的距離後再加總，就能得到下面的算式。

$$S = 100 + 1 + 0.01 + 0.0001 + \cdots$$

$$= 100 + 100\times\left(\frac{1}{100}\right) + 100\times\left(\frac{1}{100}\right)^2 + 100\times\left(\frac{1}{100}\right)^3 + \cdots$$

然後將兩邊乘以1/100。

$$\frac{1}{100}S = 100\times\left(\frac{1}{100}\right) + 100\times\left(\frac{1}{100}\right)^2 + 100\times\left(\frac{1}{100}\right)^3 + 100\times\left(\frac{1}{100}\right)^4 + \cdots$$

接下來將兩個算式相減後就能得到答案。

$$\frac{99}{100}S = 100$$

$$S = \frac{10000}{99}$$

這個值並非無限大，也就是說阿基里斯不需要無限地跑，只要再跑比100公尺更短的距離，講得清楚一點就是總共跑10000/99公尺，就能抓到烏龜。如果阿基里斯跑100公尺需要10秒鐘，那麼只要1000/99秒（大約10.1秒）就能抓到。

無窮等比級數的和的公式如下：

當等比數列$\{a_n\}$的首項為a，公比是r時，若$-1 < r < 1$，無窮等比級數的和為$\sum_{n=1}^{\infty} a_n = \frac{a}{1-r}$。

我用這個方式導出無窮等比級數的概念時，並沒有套用公式，而是用直覺的方式解題。結果同學都對我投以讚歎的眼光，連平常漠視我的同學在那時都說：「那個年紀大又安靜的東方人是什麼來頭啊？」大家都開始起立為我鼓掌，這是我這輩子第一次接受到這麼大的讚賞。

那天晚上，我緊張地打開教授寄來的電子郵件，每次哈佛討論課結束後，教授都會寫下回饋寄給每位學生，尤其當時負責課程的教授是所謂的「冷暴力」達人，專長就是冷血的評語，絲毫不留情面，但那天他給我的信中滿滿都是「good」、「excellent」這類稱讚，特別是他還寫到「你是真正擅長傳遞知識的老師」，如今仍迴盪在我腦中，到現在也是一樣，每當我因工作而疲乏時，都會想到這句話重新得到力量。

在哈佛的兩年我得到的不僅是新知識與寬廣的人際關係，哈佛也認定我是個夠格的老師，多虧於此，讓我對自己的資質充滿確信，也恢復自信，能更積極地投入在教學中。除此之外，我也得到了一份珍貴的禮物，那就是「習慣」，那是讓我在競爭中存活下來、克服逆境的力量。

習慣造就結果

有句電影台詞說：「Manners Maketh Man.（禮儀，成就不凡的人。）」雖然已經退流行了，但我還是想跟風一下，「習慣，造就結果。」講得更精準一點，好的習慣會造就出好的結果。無論是念書還是上班，我認為終究都是習慣決定勝敗，擁有好習慣的學生會拿到高分，擁有好習慣的員工會被認定很有能力、步步高升。好的習慣一定會帶來好的結果，這是我在哈佛的體會，也是我的信念。

該怎麼樣擁有好習慣呢？某位心理學家做過一個實驗，他先告訴受試者「請想大象」，說完之後再說「好，現在起不要想大象」，結果怎麼樣呢？受試者有意識地不想大象之後，大象在腦中的形象反而更鮮明。這時有個方法能趕走那樣的想法，那就是「想別的」，比方說去想長頸鹿，當大腦開始想長頸鹿時，腦中的大象就消失了。

我以前第一次學撞球時也有類似的經驗，明明應該要念書，但桌上就有兩顆紅球、一顆白球在滾動。當我躺在床上想要睡覺時，天花板上就出現了滾動的撞球。我當時書也讀不好、覺也睡不好，那一陣子都拿著虛擬的撞球桿練習三顆星，一整天都只想撞球，所以我稍微可以理解現在的小朋友沉溺在電玩當中的心情，他們一睜開眼睛就想到電玩，在學校或補習班看到黑板時就像看到電腦螢幕一樣，就算跟這些孩子說「不要再想電玩！」也沒用。

那麼該怎麼做呢？就像用長頸鹿趕走大象一樣，要用其他東西趕走電玩。假設讓玩電玩的孩子沉浸在吉他上，那麼他們腦海中的電玩自然就會消失。當然，站在應該要讀書的立場，卻沉浸在吉他而不讀書，可能會被反問這樣跟沉溺在電玩有什麼不一樣，不過，吉他的成癮性不像電玩那麼高，用讀書取代電玩很難，但用讀書取代吉他比較容易。好習慣就是會這樣讓人逐漸進步。

我在哈佛的時候養成了早睡早起的習慣。我會把聖經放在床頭邊，每天睡前讀經後祈禱，然後在清晨四點半起床。因為幾個小時前才祈禱說希望能過得順利，不可能到了早上還睡得不醒人事，而且我也努力在晚上十點前睡覺。

早睡早起的優點是，早上比半夜能做更多的事。每天早上的那兩三個小時，一天天改變了我，首先我會先確認當天的代辦事項、處理該回覆的電子郵件，然後開始專心的讀書。起床時頭腦相當清醒，因此變得很有效率，如果是晚上讀書，就會很想吃宵夜，而且腦袋經常昏昏沉沉的，所以要花上三四個小時，但在早上只要一半的時間就能讀完。

一定會有人覺得，「我就是夜型人，無法那麼早起，不管設幾個鬧鐘都聽不到，就算聽到了也起不來。」這些都是藉口。這種人在該睡覺的時候無法下定決心，他們要不就是跟朋友講電話講到睡著、打電動打到睡著、就是網購到累了，所以當然無法在早上起來。沒有告訴自己的身體明天早上要起來，身體怎麼可能會自動在那時間起床呢？根本不可能。

在我進入哈佛的頭幾個月，我完全沒有設定什麼其他目標，只有「早睡早起」而已，我努力做到這件事，所以我很清楚養成一個習慣有多困難，不過我能夠充滿自信地說，這麼做真的很有意義。早起後泡一杯咖啡坐在書桌前，就能度過健康的早晨時光，也很有生產力。我想，就是這樣累積下來的時間的威力，讓我的哈佛生活變得這麼充實。這習慣到現在依然影響著我的生活。

當然，不能說是因為變成早起的鳥之後，成績就會自動變成A，人生並沒有這麼單純。不過，好的開始就是成功的一半，我想說的是，為了達成設定的目標，養成好習慣是很重要的。累積下來的時間會造就出無法置信的龐大差異。

我再跟大家介紹一位我哈佛的同學。這個人總是背著一個登山包，裡面裝著檯燈和專業書籍，所以被稱作「檯燈哥」。他都是在學校中央圖書館念書，等圖書館關門後，他就轉去自習室，等到那裡也關門時，他就隨便坐在一個沙發上繼續念書，因此他才會需要個人檯燈，讓他即便在深夜時，於校園任何一處都有燈念書。檯燈哥在達成他訂下的讀書量之前，一步都不會離開學校。不論下雨、下雪，他都默默地走在自己的道路上，最終如願成為工程教授。

因為我工作的特性，常常有機會跟學生家長討論，不過令我意外的是，真的聽到很多人說：「我的孩子頭腦很好，但不太愛念書，可是我相信只要他變得懂事、肯努力，應該馬上就可以讀得很好。對吧？」真的很抱歉，但我會大膽地否定他。兒女跟父母的期待不同，如果他們有選擇權，絕對不會選擇念書。用膝蓋想也知道，有多少學生喜歡坐下來讀幾個小時的書？但是許多父母卻抱持著這種不切實際的信心。

我們對自己也是一樣。身邊一定也有一兩個人總是說：「我啊！只要下定決心就能做到。」他們大言不慚地說，小成果無法展現他們的才能，總有一天會大放異彩。可是，我並不認為一個無法遵守小約定的人能達成什麼令人驚豔的大成功，那種生活態度反而是有勇無謀，就像把自己僅有一次的人生賭在被雷電擊中兩次後還能生存下來的機率上。

我每天一大早就起床念書，甚至坐到屁股都長疹子的地步，我的哈佛時光就是這麼苦澀又有意義，這樣努力度過一個學期、一個學期後，不知不覺畢業就在眼前了，專任教授也認真地問我是否想繼續念書。不過當時我的女兒要上學，也要照顧四十歲後才得到的老二，所以賺錢比讀書更重要，於是我就再次進入社會。

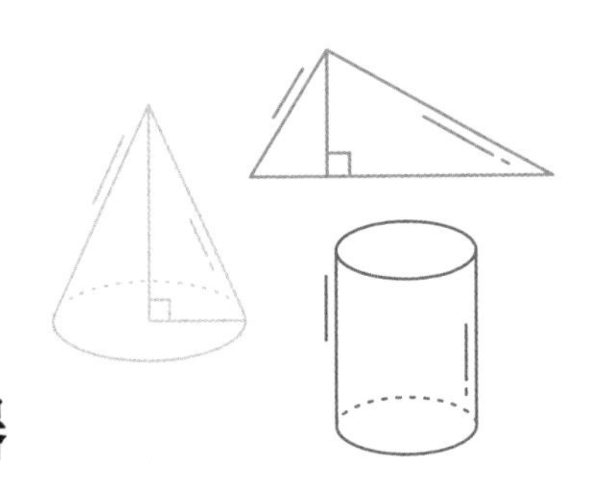

第六章

讓數學成為生活中的武器

為什麼拚命念書還是感到不安

以下是我住在韓國首爾大峙洞的朋友，讀國中的孩子大略的生活作息。

早上七點起床
早上八點到九點上學
下午三點到四點放學
晚上六點補數學
晚上八點補英文
晚上十點回家
晚上十一點寫作業和念書
凌晨一點整理後睡覺

只是國一而已，一天卻睡不到六個小時，每天反覆過著這麼恐怖的生活，一方面覺得很了不起，一方面又很心疼他。同時間，父母也一起承擔那份痛苦，要接送孩子去補習班，到處聽入學說明會，然後不停地忙著收集各種資訊：最近哪個老師教得好、哪個科目要加強、政府會實行什麼新政策、大學偏好哪種人才等等。朋友說他就算有十個身體也不夠用，他還補充說，以前認為做爸爸的只要負責賺錢就好了，現在如果還有這種想法就完蛋了，現在爸爸們的行動也變得非常重要，不輸給媽媽們。

這孩子是江南第八學區當中很有名的天才，絕對有本領跟隨爸爸的腳步考上首爾大學的醫學院。然而，我朋友卻說了令我非常衝擊的話：「其實我根本沒把握。我、我老婆和我兒子，真的是用盡全力要讓兒子考上最好的大學，但我們還是很不安，不知道投資這麼多時間、金錢和努力學到的東西，在未來有沒有用處？」

我也是兩個孩子的爸，我明白朋友絕對不是在炫耀自己命好，而是紮紮實實的煩惱，因為傳統的「成功方程式」：好成績、好大學、好產業、好公司，在現今社會已經不管用了。在經濟不景氣的時代，大家為了取得好工作，競爭極為激烈；現代人的預期壽命達到一百歲，甚至上看一百二十歲；專門職業的國籍隔閡逐漸消失，退休保障、終身職這類的概念也逐漸淡化；再加上，往後還會出現超越人類知識能力的人工智慧。

在這些情況下，為了爭奪一分而解數十本題庫、背誦數百個英文單字，還有意義嗎？世界正以極快的速度改變，但我們是否還在摧殘孩子，一直灌輸沒用的知識呢？如果他長大後埋怨我們說，從小到大都按照爸媽的安排努力念書，卻找不到工作，也不知道自己想做什麼，又該如何是好？說不定也有讀者看著疲勞的孩子在結束一天行程後睡著時，深陷在跟我朋友一樣的困擾中。

弱化未來競爭力的教育方式

其實我對這種故事並不陌生，因為我過去十二年來在波士頓跟許多孩子和家長們見面時也聽到許多類似的情況。為了避免誤會，我想先澄清，「就算你只擅長一件事，到美國也能念大學。」「如果覺得韓國的數學很難就去美國吧！美國數學考試很簡單，很容易考上大學。」上述這種話絕非事實。

當然也有學生是因為在韓國數學學不好，認為美國數學相對簡單而來留學，但不代表那種學生來美國之後，數學就一定會變好。而且幾乎沒有單純相信那種話就來留學的孩子和家長。會來波士頓留學的孩子，絕大多數都是能不費力地進入所謂SKY（韓國首爾大學、高麗大學、延世大學的簡稱）的高水準孩子。在韓國，大家認為只要會念書就行了，但美國不是，在這裡需要累積多方面的資歷，像是運動、音樂、志工服務以及除學校課程活動之外的學業經歷，才能進入明星大學，真的有很多留學生都是多才多藝的。

這些孩子明明具備進入韓國明星大學的資格，為什麼父母還硬要他們來美國呢？雖然每個家庭的考量不同，但都有一個共通點，他們都語帶擔憂地說出韓國教育的不足：「教育制度持續在變，但我無法相信改變後的教育課程足以培養出國際人才。」「現在的考試制度只評估努力背誦後從選項中選擇答案的能力，應該很難培育出未來需要的能力。」

喔！請別誤會我。我不是在批評韓國教育落後或錯誤，光看我熟悉的數學領域，我也認為韓國高等教育課綱裡探討的數學概念水準是全球數一數二的。我有位朋友是MIT客座教授，他曾無數次地選拔過中國、印度、日本和韓國的研究所學生，他說韓國學生的知識能力與學習能力真的是出類拔萃。

那麼，家長和學生的擔憂從何而來呢？每個人的原因可能各不相同，但他們都異口同聲表示，韓國教育在強化未來競爭力這點很弱。問題從國中就開始了，為了達到全校第一而付出的花費，跟得到的效果相比真的差太多了（聽說最近從國小高年級就開始準備大學入學考試）。

到底問題的本質是什麼？一直計較下去應該不會有結果。但其中有一點很清楚，這些韓國孩子學數學並不是在學習，而是為了成為「解題的機器」。前面提過，數學是未來的語言，我們的目標不是成為計算達人，而是要透過數學擴展看待世界的視野。

事實上在韓國第七次教育課程改革裡，關於數學這科目是這樣敘述的：「理解數學的基本概念、原理、法則，培養以數學方式觀察並解釋事物現象的能力，並培養邏輯性思考並合理地解決實際生活中的各種問題的能力與態度。」這就是數學真正的用途，也是國教十二年應該要獲得的終極目標。

那麼美國有比較特別嗎？沒有，美國也跟韓國一樣。美國數學教師協會對數學教育的定義是：「學習分析並認知生活中接觸到的狀況，找出或創造出普遍且有效的方法，解決其中出現的問題。」包含美國在內，世界上大部分國家的數學教育目標都很類似。簡單來說，就是幫助學生認知並理解現在學習的數學概念是從何而來、如何使用，以及能藉由這些做什麼。

不過，看考題就能知道韓國和美國的差異。韓國學生不在乎怎麼理解題目以及怎麼寫出算式。現在的題目都只提供算式，然後要學生利用公式找出答案，假設題目說要找出最大值，那麼題目結構幾乎都省略理解、觀察、解釋、思考的過程，大部分只著重在解題。不過，美國會檢視學生是否理解要找出最大值的必要性，然後更著重在找出最大值的過程，比起計算，他們將比重放在理解、觀察、解釋並思考的過程，具體答案則交給計算機。

那麼，為什麼韓國沒辦法用這種方式教數學呢？這問題可以從好幾個層面分析，但根據我最近觀察的動向，與強迫補習的風氣有很大的關係。

韓國與世界數學教育趨勢背道而馳

其實在韓國，雖然補習風氣盛行，但反對補習文化的歷史已經很久了。一九八〇年全斗煥政權時期曾有「全面禁止家教」的措施；二〇〇三年盧武鉉政府時期曾有「與補習班的戰爭」；不過，標榜實用政府的李明博總統卻說一套做一套，表面上高喊「學校滿意度兩倍、家教費少一半」，實際上卻採取助長補習的規定。那段期間政府認為，過熱的補習文化讓正規教育使不出力，也破壞了機會均等的價值，考慮到對公平價值敏感的大眾，政府便拋開理念與利害關係，對補習文化採取否定或中立的態度。

我不是要在這裡提出補習文化的爭議，韓國教育的問題跟經濟、社會、政治等層面緊密結合，不是對談幾句就有結果。可是，如果追溯韓國數學教育的問題，能切實感受到題目本身就錯了。仔細看政府的言論就會知道整套劇本的走向。

補習文化過熱，甚至有人說，因補習費變成「教育奴」（Education Poor，指教育支出過多而遇到財務困難，類似屋奴的概念）。那麼高居補習費第一名和第二名的到底是什麼呢？就是英文和數學。可是在現今這時代，英文是絕對需要的，好吧！跳過。那麼數學呢？就是這個，從學校畢業後根本不會用到，但大家學得很辛苦。都是因為數學教得太多、太難，學生在學校無法理解，下課後只好去補習班加強學習。那我們來減少範圍、降低水準，這樣補習費應該會減少吧？

你有聽過這麼廢的廢話嗎？怎麼會覺得減少學習量就能降低補習費？那麼要減少多少呢？只教加減就行了嗎？我覺得就算只教加減，韓國學生還是會在十二年當中一直去補習班學加法和減法。

依據這荒唐的說法，韓國二〇二一年大學入學考試中，理科學生選修的數甲會刪除「幾何與向量」，二〇二二年起大學入學考試不再區分文組和理組，改為「共同數學（必修）＋微積分、統計或幾何（選修）」。刪除「向量」後，大部分能被稱為是「幾何」的內容都解體，改編入其他地方或乾脆刪除，所以實際上就等於幾何與向量這領域暫時從大學入學考試中消失。再加上，考生只要從微積分、統計或幾何中選擇一項，大部分的學生都會選擇相對簡單的微積分，所以微積分應試者也較多，結果很有可能就忘記幾何。

我可以理解政府的出發點是想要降低補習費，但我的疑問是，難道只能透過這種方式達成目的嗎？以前「幾何與向量」不包含在跟文科一起考的微積分當中，原因都是太難了，事實上二〇一九年大學入學考試數甲中，跟幾何與向量有關的第二十九題，答對率只有百分之六點四。

不過，幾何與向量是國小、國中、高中學過的名為圖形和座標的「幾何學」的終點。我們是依序學習三角形、四角形、圓形等平面圖形，正六面體、圓柱、三角錐等立體圖形，以及直線、曲線、圓的方程式與圖形，之後在「幾何與向量」中學到，在立體空間座標中如何以(x,y,z)描述立體圖形並解釋。所以說，如果沒有了幾何與向量，那麼十二年來從底部開始建造的「幾何學」這房屋，就無法到達蓋屋頂的最後階段，只留下未完成的狀態。

另一方面，幾何與向量可說是「解析幾何學」的出發點，裡面探討各種變數的函數與圖形。所謂解析幾何學正如其名，是結合微積分的「解析學」跟圖形的「幾何學」。

其實說明現實狀況時，不會只有一個輸入和輸出。譬如，懸浮微粒的濃度不只受到中國黃沙的影響，還會受到季風的方向、強度、國內大氣汙染物質的濃度等方面的影響，所以反映實際生活的函數會有好幾個變數，這圖形也會畫在三個維度以上的座標上。這時如果想要利用微分或積分分析圖形，推導其含義，就要以包含x、y、z這種多重變數的複雜算式來呈現並處理，因此需要向量這種「擁有多種元素（component）的量」的概念。舉例來說，包含x、y、z元素的向量可以用圖形表示如下。

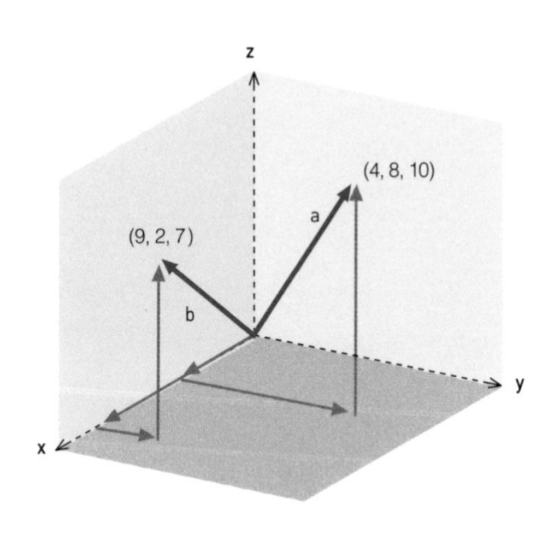

向量，是現今IT產業用來執行複雜數據運算的工具，尤其是開發動畫或電玩的圖像的重要編程架構。現今電腦圖像的水準，別說是客體的型態，連光源、陰影效果、其他物理現象等都能驚人地如實重現，向量在這種作業中扮演重要的角色。向量能運用在計算旋轉客體或是求得客體的陰影上，更重要的是，它具備多種元素，能一口氣計算複雜的數據。

我們先來看個簡單的例子。永希的國文、英文和數學分數各是75分、90分、65分，假設成績加權比重各是20%、30%、50%，那麼永希加權後的分數是多少呢？

當然這個範例很簡單，一個一個計算也不算困難，但如果利用向量和運算的內積法，即分數向量$\vec{A}=(75, 90, 65)$與加權向量$\vec{B}=(0.2, 0.3, 0.5)$的內積，$\vec{A}\cdot\vec{B}=74.5$，用簡單的方式就能快速計算出答案。

就算需要計算的組成元素的種類與數量變多也是一樣。假設永希班上共有二十個學生，班導可以用下列方式求得全班的成績。

$$\begin{matrix}\text{學生1}\\\text{學生2}\\\text{學生3}\\\vdots\\\text{學生20}\end{matrix}\quad\begin{bmatrix}75&90&65\\90&90&99\\82&89&96\\&\vdots&\\78&76&70\end{bmatrix}\times\begin{bmatrix}0.2\\0.3\\0.5\end{bmatrix}=\begin{bmatrix}74.5\\94.5\\91.1\\\vdots\\73.4\end{bmatrix}$$

這很類似前面第三章以表格為例說明的矩陣（參考P.64），可以說，矩陣就是將行的向量和列的向量和在一起的一種呈現方式。

該教什麼？該教多少？必須搭配時代的需求來決定。而且現在是第四次工業革命前夕，全世界都在進一步強化並深化數學教育，日本也是一樣，文科不僅要學三角函數、微積分，還要學空間向量。我所在的美國，大一有大學先修課程（Advanced Placement）的制度，當然先修課程跟入學無關，不過因為最近明星大學的入學競爭變得激烈，大學也持續加強數學、科學領域，所以有越來越多的學生會在先修課程裡加入數學和科學，其中微積分深化科目中包含高等微積分，而高等微積分的基礎就是幾何與向量。所以，絕對不是韓國教太多。

我在哈佛時，如果想當數學老師，從微積分的基礎到進階的課程全都一定要聽過，此外，多變量分析、離散數學、圖論、群論、賽局理論等，連一般教育研究所不會教的科目也全都建議要聽過。其實離散數學與圖論跟最近快速發展的資工系密切相關，所以學校和學生的要求也增加，以後似乎會正式納入高等數學教育課程。哈佛栽培的老師都會教到這種程度，這表示社會上存在著這樣的需求。現在美國水準不錯的高中也幾乎都會教離散數學。

不僅如此，自二〇一六年修改後，SAT的數學教科書範圍也擴大，當然不會很困難，但加入了原本沒有的三角函數的餘氏定理與因式定理等高等函數的內容，所以如果要獲得高分，該學習的東西變得非常多。此外，如果想要進入世界頂尖的理工大學，如MIT、加州理工學院（Caltech），還要準備AMC或AIME這類數學競賽，在這種競賽中都能看到韓國、日本、中國的大學入學考試中最難的題目。

光看我在的美國也能明白，世界趨勢就是要加強數學教育，但韓國反而因為題目出得太難、沒有鑑別度、助長補習文化等名目，而在教科書課綱裡刪除未來需要的核心概念。其他國家都是把數學當成未來競爭力，以國家的層級積極培養數學人才，韓國卻只重視入學考試，這樣的狀況令人不免擔憂不已。所以就算父母每個月砸大錢讓孩子補習，一定還是會擔心錢是不是白花了。

我們需要的是能運用於生活的數學

我有一個學生讀到大學二年級後去當兵，在訓練所度過地獄般痛苦日子的某一天發生了一件事。當天需要將訓練兵分成八組，助教只好一一點名：「你第一組、你第二組、你第三組……」面對超過兩百人的新兵，他像這樣一一編號。不過，沒過多久，連助教自己也搞混了。

那時我的學生大膽地站出來說：「我有個好點子。」

「好啊！你說說看！」

「報告長官，我們這裡中隊員共有224人，隨便給我們1號到224號，命令大家算出自己的號碼除以8的餘數，每個新兵的餘數就是自己的組別，所以只要到那號碼前排隊就行了。假設是213號新兵，213除以8之後餘數是5，所以是第五組；80號新兵沒有餘數，所以是第八組；79號新兵的餘數是7，所以是第七組，只要以這種方式分組，就能完美地隨機分成八組！」

在旁邊的軍官問：「你是哪個大學畢業的？」他大聲地回答：「美國布朗大學！」訓練結束後，他得到很棒的職位，度過舒服的軍中生活，這成為他的英勇事蹟。

故事可能有被誇大，但我覺得這個事件是最容易且有趣地呈現必須學數學的原因，所以我常常跟學生分享。在許多狀況中，面對突如其來的問題時，數學會發出最耀眼的光芒。數學發展的歷史是如此，現在的數學比以前更重要的原因也是如此。

所以，在國小、國中、高中的教育課程裡怎麼教數學、教多少數學，會決定學生往後在社會上所需的解決問題的能力。不過，韓國的數學教育可說是完全被大學入學考試左右。因為競爭激烈、名額有限，所以無法廢除考試制度，但如果因此而縮減學習範圍，然後又要在有限的時間內辨別大量學生間的水準，就會導致題目更複雜、更扭曲。

想要在這種考試中拿到高分的話該怎麼做？首先，教的人、學的人都不能思考，彼此說服（欺騙）為什麼該學習的過程都被「大學」這兩個字取代了。就算只錯一題也可能導致名次落後，所以必須變成可以反覆快速解題的機器，再加上套公式就能更快解題，所以背更多公式就是能領先別人的方法。

當然我女兒也會每天算KUMON的題目，但這就像在學英文前先背字母，學日文前先背平假名和片假名一樣，要先熟悉數字符號和基本的運算到一定程度，才能正式學習數學。我很清楚，別說是電腦了，我女兒一輩子都贏不過手機裡內建的計算機，所以我讓她寫KUMON並不是希望她變成計算達人，而是透過在固定時間算數學，逐漸熟悉抽象的記號和思考體系。

不過，韓國國中生、高中生經歷的現實完全是另一個層次，他們的學習過程幾乎接近「訓練」。所謂訓練就是，為了達成某個目標，有計畫地、刻意地訓練言語和行為，所以覺得困難、痛苦又無聊。（我已經退伍二十多年，現在還是不喜歡訓練這個詞。）因為像訓練一樣學數學，當然不會覺得有趣，這過程中也不可能栽培創意、思考力、解決問題的能力，所以孩子無力且崩潰地說「為什麼要學數學」也是情有可原。

看看我們的過去，以前在學校都是機械式地做因式分解、背誦二次方程式的根的公式，可是你覺得為什麼要背呢？其實，因式分解和根的公式是為了求二次函數的最大值和最小值而學習的基礎。這是什麼意思？

首先我們來看一下二次方程式$ax^2+bx+c=0$的根的公式。

$$x=\frac{-b\pm\sqrt{b^2-4ac}}{2a}$$

接下來將這個算式分解如下：

$$x=-\frac{b}{2a}\pm\frac{\sqrt{b^2-4ac}}{2a}$$

這裡的$-\frac{b}{2a}$就是呈現最大值或最小值的座標。

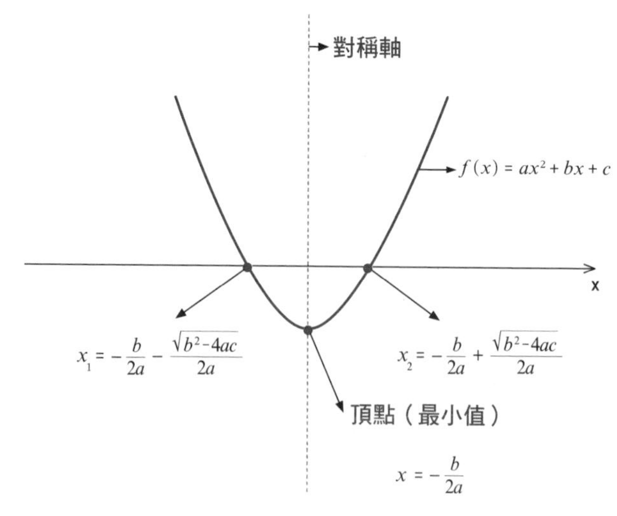

如圖示，根的公式並非純粹用來找方程式的和，而是能延伸運用到二次函數的圖形上。圖形、求最大值與最小值的重要性，已經在前面以NASA宇宙計畫為例說明過了（參考P.78），這裡就省略。因此，如果無法體會真正的含義，只是在考試前背得滾瓜爛熟，考完試後就統統忘光光，那麼一定會覺得數學沒有用處。

我們在現實生活中面對的諸多難題不會告訴我們主題和方法，而且社會正以極快的速度改變，昨天的數據、今天早上的數據、一小時前的數據、一分鐘前的數據統統都不一樣。曾被所有人堅信是對的事物，也可能在一夕之間被判定為虛假，而新點子會立刻占據那位置。

這種時候就更切實感受到數學的必要，因為我們能從數學中找出需要的工具以掌握型態、預測未來、解決問題。我們必須重新思考，為了減少補習費而縮減學習量，對孩子來說真的好嗎？我們是不是反而剝奪了孩子自己解題後得到的成就感，或是好不容易學會困難內容的滿足感。

跳脫紙上「死的數學」

我回想起我在哈佛念書時，有個教授的教學方式很特別，他並不是在黑板上寫滿困難的算式，然後讓我們去證明，而是利用實際生活中會接觸到的題材舉出非常聰明的問題，然後讓我們思考、說明該怎麼解題。

舉例來說，他出的題目會是：

有一個大講堂，講堂裡面有舞台，而舞台前有椅子，在這扇型結構的講堂裡，越往後就擺越多椅子。假設第一排有12個椅子，第二排有16個椅子，第三排有20個，總共排了二十一排的椅子，請問這個講堂能容納多少人。

能念到哈佛的人，解這種問題絕對不難，不過，要能以任何人都容易理解的方式說明來導出級數這概念，就是另一個層次了。

像我這種前半輩子都住在韓國的人，一開始面對這種上課方式非常困惑，我在微積分考試、期中考、期末考都可以拿滿分，甚至會被教授叫上台計算（當時的教授還以為我有帶小抄），但是我非常不擅長跳脫紙上的數學、說明生活中的數學。

「背熟公式後解題」的這種學習方式逐漸失去價值。那些拚命痛苦背下來的東西，在考試結束後就消失得無影無蹤，完全無法用在實際的生活裡，這是「死的數學」。

我不想教那種數學，也不想告訴學生學那種數學的方法，我不忍心看到孩子們承受那種痛苦。我希望我教授的數學，能夠培養孩子的潛力、擴大他的思考力，在達成他的夢想方面發揮槓桿效用。更重要的是，我不希望他們像我一樣曾被責備說「幹嘛浪費時間算積分，反正上大學也不會用到」，或是在一群大聲闡述自己意見的學生之間縮頭縮尾。

那麼到底該怎麼學數學？我為了煩惱這一點的人，在本書中準備了最後一部內容。我在過去十幾年裡，將許多學生送進哈佛、MIT、約翰·霍普金斯大學（Johns Hopkins University）、菲利普斯埃克塞特學院（Phillips Exeter Academy）、菲利普斯學院（Phillips Academy Andover）等著名私立學校，雖然其中有很聰明的學生，但也有幾乎是放棄數學的學生。我也教過義大利或中國等地的學生，他們的學習背景跟韓國完全不同，甚至也有學生是上大學後，跟不上學校教的數學而來找我的。

我教了形形色色的眾多學生後，對於學數學有屬於我自己的體悟，儘管這體會只是來自於極淺薄的經驗，但我希望能透過我的故事給予更多人幫助，並帶給你勇氣。

第三部

改變人生的數學學習法

第七章

破除錯覺的世界

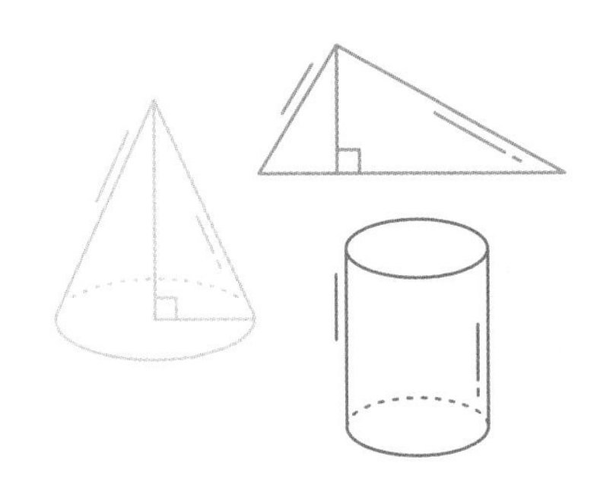

每逢外出參加聚會，當我介紹自己是教數學的時候，就要忙著迎戰各種問題，有的父母擔心地說：「我的小孩什麼都很擅長，唯獨覺得數學太難，不知道該怎麼辦？」有的父母發牢騷說：「我的小孩學了十二年數學，為什麼現在統統還給老師了？」還有的父母抱怨說：「都要怪數學老師，每錯一題就打一下。」雖然每個人言語呈現出的情緒都不一樣，但都會回歸到同一個問題：「究竟怎麼樣才能學好數學？」

我一開始寫這本書的時候，是希望多少能幫忙解決這種困擾，但現在我依然認為沒有完美的正確答案，因為就像我無法百分之百確信我小時候的「百科全書學習法」能套用在別人身上一樣，每個人身處的環境、能理解的程度、有興趣的部分、天生條件都不一樣，所以很難像預言家那樣斬釘截鐵地說哪個對、哪個錯。

不過，我的職業病讓我還是想要鼓起勇氣提出「我的回答」。過去數十年來，在跟家長討論、向學生教學的過程中，目睹無數次他們在學數學時的錯誤習慣與誤解，尤其看著那些認為自己或子女很聰明而堅守錯誤學習方式的人，站在教學者的立場，真的很難視若無睹。

我在本書第一部探討數學這學科本身；第二部想要透過在哈佛的經驗，間接傳達數學教育的方向；現在該是正式提出學習建議的時候了，第三部會以我自身和我的學生經驗為基礎，提出值得作為數學學習指引的具體方法。

十六世紀的哲學家法蘭西斯·培根（Francis Bacon）提出「妨礙追求知識的四種錯覺」，也就是「四種偶像」。他將以人為中心思考的錯覺命名為「種族的偶像」；將如井底之蛙般以狹隘經驗產生的錯覺命名為「洞穴的偶像」；將因（錯誤的）語言產生的錯覺命名為「市場的偶像」；將因仰賴權威而盲目接受的錯覺命名為「劇場的偶像」。

我以培根的觀察為基礎，用我的方式整理出「**妨礙學習數學的四種錯覺**」。各位可以藉此檢視看看，究竟過去是什麼東西妨礙了各位學習數學。

以人的直覺思考，缺乏「定義感」

數學很陌生，儘管數學是為了幫助人類在有限的資源中，做出理性判斷而形成的學問。我們很想以人為出發點來接受超越人類的數學，但數學並沒有考量到我們的直覺。這也是為什麼數學特別惹人厭的原因。

你記得圓周的公式是什麼嗎？圓周長等於直徑乘以圓周率π，π是3.1415926……無窮的無理數。老實說，我純粹是因為學校要求而直接背下來，但π是無理數，所以終究無法求得正確的圓周，這種時候說「圓周大概就是圓的直徑三倍多」是不是比較好？

只能用小數點無限地持續下去的符號來呈現，並不是π的錯，是人的錯。仔細想想，不可能用0到9這十個模糊的數字來清楚描述宇宙中所有的數值，妄想做到這點本身就是以人為出發點的想法。我們的數學使用十個數字（十進位），僅僅是因為我們能數數的手指頭是十個。其實在數學高度發展的上古時代，人們並不是用十進位，而是用十二進位或六十進位，現今電腦則是只使用0和1的二進位。

人並非萬物的基準，應該承認數學的陌生，然後坦然接受才行。當人類對於過大的數字沒什麼感覺時，就需要運用對數（logarithm）；在不知道極小數字精確的量時，就會使用微積分來計算，這就是令我們陌生的數學。我說這些並不是叫大家自暴自棄，重點是為了讓我們理解無法以人的五感感受的數學，需要運用「定義（definition）」這新的知覺。那麼我們來創造一個名詞，稱之為「定義感」好了！

翻開大部分的數學書，最前面都會提到定義，也就是解釋某個概念是在說明什麼含義。定義是數學的引言，同時也是重點，所以大家都說「數學是從定義開始的學問」。

舉個簡單的例子。絕對值x，也就是$|x|$的定義是，數線上x跟原點的距離。通常我們學到，數線上的原點是0，然後以此為中心，往左是負數，往右是正數。絕對值的概念是忽略方向，純粹計算距離，所以求負數的絕對值時，要乘以-1來消除方向。$|x| = x\ (x \geq 0),\ -x (x < 0)$。利用絕對值的定義，就能以$|x_1 - x_2| = |x_2 - x_1|$來呈現任意兩點$x_1$和$x_2$的距離。

這裡的問題是，當$|x-3| = 5$時，x是多少？

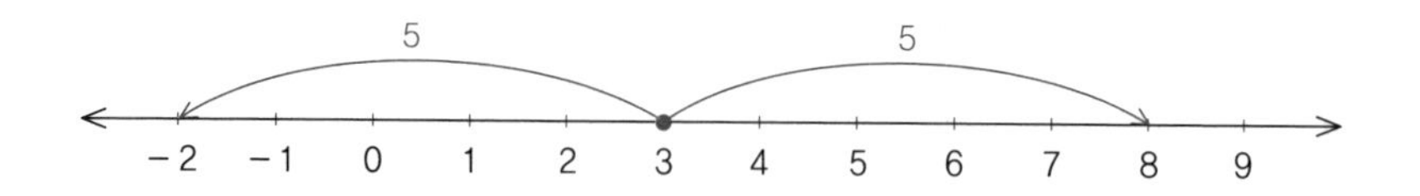

根據絕對值的定義，就是x與3的距離等於5，所以x可能是8或-2。覺得太簡單嗎？那麼我們來解下一個題目。

當$-1<a<3$時，求$|a+1|+|a-3|$的簡式。

如果只回答$2a-2$，那麼就表示你還尚未完全理解絕對值的定義。首先，先從$|a+1|$開始看。如果$-1<a<3$，那麼$a+1$的範圍就是$0<a<4$，所以$a+1$會是正數，如此只要直接計算就行了，也就是說$|a+1|=a+1$。

這次來看$|a-3|$，如果$-1<a<3$，那麼$a-3$的範圍就是$-4<a-3<0$，所以$a-3$是負數。在這裡，絕對值的定義就非常重要，亦即是在數線上跟原點的距離，與方向無關，如同前面學到的，求負數的絕對值時要乘以-1。$|a-3|=-(a-3)=-a+3$，所以解答如下：

$$|a+1|+|a-3|=a+1-a+3=4$$

絕對值是數線上兩點間的距離，而距離一定是正的或是零，如果忽略這兩個簡單的事實，就無法算出這種基本的題目。國小學絕對值的時候，若忽略定義也會答不出來，更別提更難的概念了。以定義為基礎，一一理解不一定跟我們的直覺、經驗相合的概念，這就是踏上陌生的數學學習第一步需要的態度。

升學環境造成「視野狹窄」，看不到整體

無論是自願還是被迫學數學的人，大部分都是被關在「升學」這口井裡的青蛙，所以勢必無法正確欣賞數學這片天空。升學環境扭曲了我們面對數學的態度，因為我們會在一定程度上區別會考的概念、不會考的概念；四分題的概念、三分題的概念。

韓國學生特別傾向只挑選「需要的概念」來讀。他們確實很會解題，考試成績也很好，態度卻錯得太離譜，嚴重到讓我想要控告以前老師的地步。

有次我在說明「定義域（domain）」時，說：「定義域，是用來定義函數的數的範圍，也就是說，只要理解成可以放進$y=f(x)$當中的x的集合就行了。」結果有個學生說：「咦？老師，那麼如果題目考定義域，就可以把答案想成是函數當中的$y=1/x$或$y=\sqrt{x}$，對吧？」

這句話不能說全錯，$y=x$或$y=x^2$這類的函數中，x可以是所有的數，所以解題時不需要另外考慮定義域；相反地，$y=1/x$時，x不能是0，$y=\sqrt{x}$的時候，x不能是負數，所以要考慮定義域為何。因此，如果題目探討定義域，那麼題目的型態有很高的機率包含$y=1/x$或$y=\sqrt{x}$的函數。

不過，學習定義域並非僅僅是為了猜中答案，我們來看下一個題目。

當x和y是實數，$x^2+y^2=1$時，求$4x+3+y^2$的最大值。

首先為了將$4x+3+y^2$改寫成x的函數的型態，將$x^2+y^2=1$整理如下。

$$x^2+y^2=1 \rightarrow y^2=1-x^2$$

接下來將$1-x^2$代入y^2

$$4x+3+y^2=4x+3+(1-x^2)=-x^2+4x+4$$

原來只要求$f(x)=-x^2+4x+4$的最大值就行了。不難啊！就算是高一程度也能想到這一步，接著就能用下列方式找到答案。

$$\begin{aligned} f(x) &= -x^2+4x+4 \\ &= -(x^2-4x)+4 \\ &= -(x^2-4x+4)+8 \\ &= -(x-2)^2+8 \end{aligned}$$

結果就會很有自信地寫「$4x+3+y^2$的最大值就是8」。不過，這樣就錯了。為什麼呢？因為你只把「x和y是實數，$x^2+y^2=1$」的條件看成「$y^2=1-x^2$」的代換工具。首先應該要注意到，當「x和y是實數，$x^2+y^2=1$」時x的範圍，也就是x的定義域是$-1<x$

< 1，所以$f(x) = -(x-2)^2 + 8$當中，無法代入2來得到最大值8，參考下面的圖就能知道，$x = 1$時，$f(1) = 7$才是最大值。

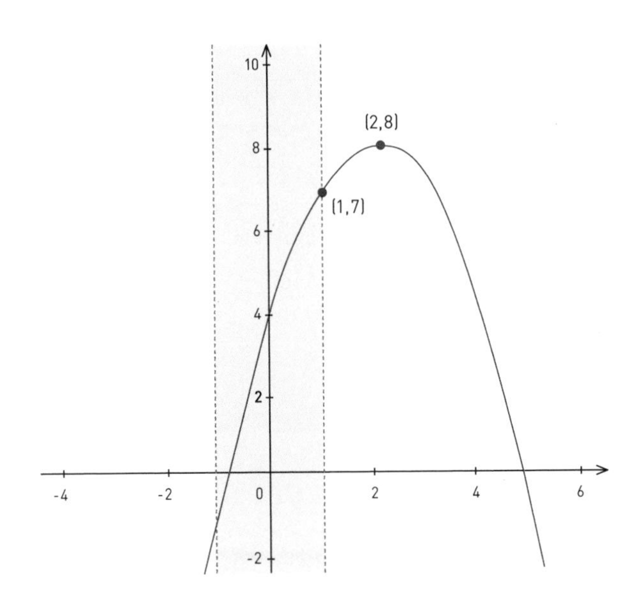

只要清楚掌握概念，以後看到$y = x^2$、$y = \tan x$、$y = e^x$、$y = \log x$這種函數時，就會習慣先從x的範圍開始計算。比方說，0或負數在對數的定義上不存在對數值，所以$y = \log x$的定義域就是$x > 0$的實數。

不能輕忽數學概念的前後連結，如果只選擇性研讀某部分，就無法學好數學，必須瞭解整體架構後，將前後概念連貫起來才行。舉例來說，能夠將兩點間的距離公式、圓的方程式跟畢氏定理連結起來思考，前提是要將數學教科書上幾何學的單元融會貫通才能做到。看到新的公式時能跟以前學過的某個東西相互連結，就表示已經看出學數學的脈絡。若不知道脈絡，就無法綜合性思考已經學過的概念和即將學習的概念之間彼此有什麼關聯。

為了能確實地進行自我診斷，我們來解一個題目，這是國中二年級能輕鬆算出的題目。

第1題：下列何者與$\frac{a}{a-b}-\frac{b}{a+b}$同值？

① $\frac{a-b}{(a-b)(a+b)}$　　② $\frac{a-b}{(a-b)-(a+b)}$

③ $\frac{a-b}{a^2-b^2}$　　④ $\frac{a^2+b^2}{a^2-b^2}$

不知道答案嗎？那麼我們來看下一題。

第2題：$\frac{3}{7}-\frac{2}{5}$等於多少？

第二題應該大家都算得出來。大家都知道，運算分母不同的分數時，要先讓兩個分數的分母一樣（稱為通分），這時就要使用乘法的恆等性質，簡單來說，任何數乘以1之後數值都不會改變，利用這種性質讓3/7乘以5/5（＝1），2/5乘以7/7（＝1）就會讓分母同樣變成35，之後再計算分子就行了。

$$\frac{3}{7}-\frac{2}{5}=\frac{3}{7}\times\frac{5}{5}-\frac{2}{5}\times\frac{7}{7}=\frac{15}{35}-\frac{14}{35}=\frac{1}{35}$$

同樣的道理也能套用在以文字表示分母和分子的第一題，為了算出兩個分數$\frac{a}{a-b}$、$\frac{b}{a+b}$的共同分母，$\frac{a}{a-b}$要乘以$\frac{(a+b)}{(a+b)}$、$\frac{b}{a+b}$要乘以$\frac{(a-b)}{(a-b)}$。

$$\frac{a}{a-b}-\frac{b}{a+b}=\frac{a}{a-b}\times\frac{(a+b)}{(a+b)}-\frac{b}{a+b}\times\frac{(a-b)}{(a-b)}$$
$$=\frac{a^2+ab}{a^2-b^2}-\frac{ba-b^2}{a^2-b^2}=\frac{a^2+ab-ba+b^2}{a^2-b^2}$$
$$=\frac{a^2+b^2}{a^2-b^2}$$

所以第一題的答案是選項④。如果不會通分，就無法算出第一題。另外，就算很會算通分，如果不知道「用分數表示的分數的運算」跟「用文字表示的分數的運算」是同樣的道理，看到類似的題目時就會慌張又猶豫。因此，如果無法算出第一題就要問自己兩個問題：是否瞭解分數的基本四則運算？是否能將分數的運算原理運用在文字上？大部分的問題都是後者。

一個概念發展後會延伸到哪個概念？如果能掌握這點並訓練自己解題，那麼無論遇到何種類型的題目都會很有自信。

所以學數學時，必須好好察看整體的地圖，也就是「數學架構圖」。所謂「數學架構圖」是呈現國小到高中所有數學單元關聯的圖表（參考P.137）。比方說，國中學的多項式計算，是來自國小學的有理數的計算；相對地，國中學到的畢氏定理到高中就會衍生成更複雜的公式。只要在網路上稍微搜尋一下，就能找到這個地圖，不過，除非是想瞭解教育課程如何改變的重考生或是學校老師，要不然大部分的人都不會太感興趣。

尤其那種成績好的學生，他們在國小、國中時都是挑內容來讀，也就是所謂的「聰明讀書法」，所以更不覺得需要掌握脈絡，這樣的學生到了高中，遇到第一次模擬考、第一次段考的時候就容易受到打擊，成為新的「放棄數學的學生」。

之後我還會繼續說明，但我想說的是，大多數的數學課程的目的都是「實用」，從最基礎的算術到現代數學的核心「微積分」，都能完美地串聯起來，就像一個馬拉松路線。反正都要跑，何不抬起頭看清楚完整的路線，而非只是低著頭前進呢？

對「解題」的誤會，拋棄了數學的本質

陌生的用語會引起誤解，妨礙吸收知識。方程式、函數、微分、對數等等，在學習數學時陌生用語絕對不會只有一兩個。但在這裡我想說的，是一個從根本上誤解的用語。

數學中「解題（solution）」這詞是指「解方程式」，但普遍來說也是「解決問題」的意思。這是個非常直覺的想法，因為數學這學科就是為了有效找出現實中各種問題的答案而發展的學問，也就是說，數學的目的是要解決面對的問題，以數學呈現現實生活中的某個問題（又稱數學模型），並求出答案來解決。

不過，這個詞到了升學考試就變成「解題」。解決跟解題雖然很類似，但兩者的目的完全不一樣。國中與高中之所以常常要解數學課本上許多抽象問題，目的就是要「答對」。難怪會有人說「到底數學可以用在哪裡？」、「生活中完全用不到！」。

該怎麼學習數學才能「解決問題」，而非只是「解題」而已呢？美國頂尖私立學校之一的菲利普斯埃克塞特學院（Phillips Exeter Academy），以高水準的數學教育聞名，他們甚至會教學生相當於大學數學程度的機率論、線性代數學、多元微積分。不過，很特別的是，這個學校沒有數學教科書，他們都是使用自製的題庫（如下頁），從第一頁到最後一頁都是滿滿的題目，完全找不到任何能幫助解題的提示或公式。

這本題庫的編列方式是越前面越簡單、越後面越難。學生要找出題目涵蓋的主題為何，將各種數學概念組合起來，再自行找出答案。這種學習方式並非代入剛剛教完的特定概念，而是讓學生思考如何從已知的各種概念中找出能立刻用來解題的方法。

我講這些的用意，不是說韓國也要馬上使用這種方式，是想讓各位思考美國頂尖的私立學校選擇這種方式的原因。這樣的學習法，一來讓學生不會有負擔，再者也能讓學生體會到儲存知識在腦中並不是無用的，學數學就是要從「解題」提升到「解決」層次。

比方說，第一次學二次函數時，可以假想現實中有以下該解決的狀況。

假如要把房屋一側的牆壁當成柵欄的一邊，蓋出一個四方形的雞舍。現在我有可以蓋出60公尺柵欄的材料，這時長寬各要多少才能蓋出最大的雞舍？

11. A vector **v** of length 6 makes a 150-degree angle with the vector $[1, 0]$, when they are placed *tail-to-tail*. Find the components of **v**.

12. Why might an Earthling believe that the sun and the moon are the same size?

13. Given that $ABCDEFGH$ is a cube (shown at right), what is significant about the square pyramids $ADHEG$, $ABCDG$, and $ABFEG$?

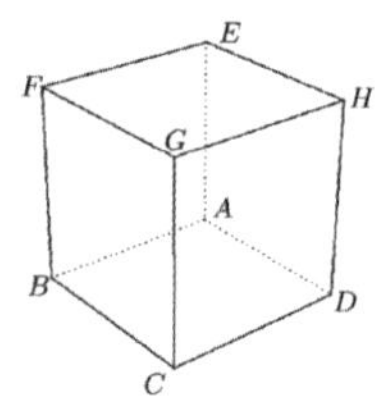

14. To the nearest tenth of a degree, find the size of the angle formed by placing the vectors $[4, 0]$ and $[-6, 5]$ tail-to-tail at the origin. It is understood in questions such as this that the answer is smaller than 180 degrees.

15. The angle formed by placing the vectors $[4, 0]$ and $[a, b]$ tail-to-tail at the origin is 124 degrees. The length of $[a, b]$ is 12. Find a and b.

16. Flying at an altitude of 39 000 feet one clear day, Cameron looked out the window of the airplane and wondered how far it was to the horizon. Rounding your answer to the nearest mile, answer Cameron's question.

17. A triangular prism of cheese is measured and found to be 3 inches tall. The edges of its base are 9, 9, and 4 inches long. Several congruent prisms are to be arranged around a common 3-inch segment, as shown. How many prisms can be accommodated? To the nearest cubic inch, what is their total volume?

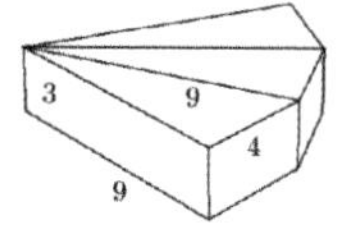

18. The Great Pyramid at Gizeh was originally 483 feet tall, and it had a square base that was 756 feet on a side. It was built from rectangular stone blocks measuring 7 feet by 7 feet by 14 feet. Such a block weighs seventy tons. Approximately how many tons of stone were used to build the Great Pyramid? The volume of a pyramid is one third the base area times the height.

19. Pyramid $TABCD$ has a 20-cm square base $ABCD$. The edges that meet at T are 27 cm long. Make a diagram of $TABCD$, showing F, the point of $ABCD$ closest to T. To the nearest 0.1 cm, find the height TF. Find the volume of $TABCD$, to the nearest cc.

20. (Continuation) Let P be a point on edge AB, and consider the possible sizes of angle TPF. What position for P makes this angle as small as it can be? How do you know?

21. (Continuation) Let K, L, M, and N be the points on TA, TB, TC, and TD, respectively, that are 18 cm from T. What can be said about polygon $KLMN$? Explain.

22. A wheel of radius one foot is placed so that its center is at the origin, and a paint spot on the rim is at $(1, 0)$. The wheel is spun 27 degrees in a counterclockwise direction. What are the coordinates of the paint spot? What if the wheel is spun θ degrees instead?

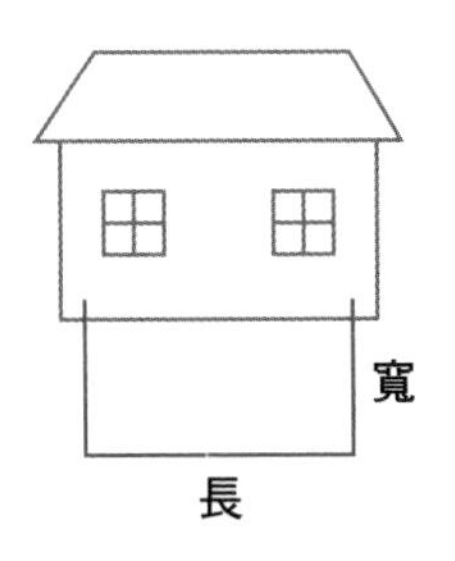

聽起來好像將柵欄材料分成三塊，各剪20公尺後再黏起來就行了？如果必須盡早完成雞舍，像這樣大概計算後下決定是蠻重要的，但如果沒有那麼急，那麼想辦法以現有材料蓋出最寬的雞舍來養最多雞，比較符合經濟效益。

實際要解這問題時可以寫出下列算式。因為會利用房屋的一側牆壁作為柵欄，所以只要算三邊的柵欄就行了，假設圖示中短邊是x，那麼長邊的長度就是$60-2x$，以y表示面積就能得到下列的二次函數。

$$y=x(60-2x)$$

利用二次函數求最大值的過程就能得到答案，也就是長30公尺、寬15公尺的時候，雞舍面積會達到最大的450平方公尺。如果按照前面所說，柵欄每邊各20公尺的話，得到的面積就只有400平方公尺，所以只要稍微動點數學腦，不用另外購買材料就多增加了足足50平方公尺。

雖然這問題看起來很不起眼，但其中包含著一個重要的議題：如何最有效率地使用有限的資源。一直以來，人類能使用的資源都是有限的，而且歷史上總是因為爭奪資源而發生衝突、紛爭、反目成仇（回想中東和美國為了石油較勁的狀況）。所以如何有效地使用資源，以及如何分配的議題非常重要，在解決這種問題方面，數學會帶來莫大的幫助。

不過，在我們的數學教室裡是什麼狀況？我們是不是都在老師的要求之下，硬是背起二次方程式的根的公式，卻連一次都沒有思考過該在哪裡、該怎麼運用？儘管為了考試而解開無數的題目，具備機械式的解題能力，可是如果實際上連一次都不曾使用數學解決生活中面對的問題，那麼付出的龐大努力和時間，要用什麼補償？你還是覺得多解一題、多背一個公式很重要嗎？花時間理解數學真正的目的絕不是在浪費時間。

不具批判性思維，盲目的「背誦」習慣

為什麼會拋棄數學的目的和原本的面貌，只想學習最少的技巧來應付考試呢？因為光是學會技巧就很難了。普遍來說，數學是最難征服的科目之一，正因如此，很多人才說數學沒有用處。結果，我們會出於本能地把數學用語、數學課本上寫的「道理」背下來。這種毫無批判性的背誦，「看到什麼背什麼」的習慣，就是學生該克服的最後一個痼疾。

當人要學新的東西時會用兩種方法，一種是直接背，一種是理解後再背，這兩種都有用。在數學的第一步，也就是學加減或九九乘法表等的時候，直接背就行了，這些都是人類按照需要約定俗成的，不需要懷疑。如果有人問你，為什麼1＋2＝3，你會怎麼回答呢？因為我們定義自然數從小而大就是1、2、3等符號，所以約定

譬如1多2的數量就是以1＋2呈現，僅僅是因為剛好跟3一樣；相反地，在第五章提到，推導無窮等比級數的和S＝a/(1－r)，則是要理解推導過程後再背，才有意義。

當然以國小數學的程度來說，用背的更有效率，不過，到高中狀況就大不相同了，因為該背的「道理」已經多到國中無法相比的程度；再加上，就算背了，還是會因為不知道實際上怎麼使用而感到挫折，所以**從一開始就要養成習慣，先以理解為基礎進行批判性思考，再主動背下來**。否則過沒多久，大腦就會無法負荷。

我舉一個我指導過的學生為例。這學生的實力堅強，能夠在進階微積分當中拿到A，但意外的是，在滿分800分的SAT數學考試中，他連700分都沒有，其他程度相近的同學起碼也有780分，他卻只拿到600分，我非常意外。

我在教他的過程中發現，他簡直是個背誦天才。目前為止不只是公式，連運用公式的練習題，他都是靠背來學習的。美國也有所謂的「學校題庫」，所以這是有可能的。問題是，SAT數學跟學校裡的題庫不一樣，是敘述型的題目。舉例來說，SAT模擬考曾出現過下列的題目。

> 手機維修廠每週都要修理108支故障手機，一天能修22支手機。假設這間修理廠已經從星期一工作到星期三，那麼之後還要修幾支手機？

這是跟一次函數有關的基本題目，假設修理的天數為x，剩餘須修理的數量為y，就能寫出下列函數。

$$y = -22x + 108$$

x的係數-22代表每天故障手機會減少22支，108代表一開始手機的數量。從星期一到星期三已經工作了三天，所以如果$x = 3$，就能知道$y = 42$，也就是說還剩42支。

但是，能迅速解出大學微積分題目的學生，竟然無法處理這麼簡單的題目，他會有多手足無措呢？在一旁的我發現他學數學錯得這麼離譜，真的無話可說。更遺憾的是，他真的是非常努力的人，每天都腳踏實地背公式、寫題目，然而光看SAT的成績，只會得出這個人的數學實力低下的結論。哪有比這更荒唐的事呢？

許多知名的Youtube課程、題庫、參考書等等，幾乎都不說明原理，只是單純地將解題過程變成模板，製造出簡單明瞭的公式讓學生背誦。像背科那樣學數學，在某方面來說的確能有效讓成績進步，說不定猜題也是一種樂趣，但如果繼續用這種方式學數學，到了國中從根的公式到三角函數的公式，至少要背數十個，到高中包含微積分在內有數百個要背。這種學習方法很沒效率，只會讓讀書量以等比級數增加，後來如果該背的量超過腦容量的臨界值，學生就會放棄數學，然後一輩子對數學築起一道很高的心牆。

屏棄以背誦為主的數學學習模式，也是韓國教育的趨勢。所以不光是大學入學考試數理題的論述，在學校考試中敘述型題目的比重也在逐漸增加。當然熟悉技巧，面對考試會更有利，但我認為更重要的是，要努力以數學呈現生活中面對的問題並找出答案。

如果你害怕數學的權威，就會不帶任何批判性的眼光接受一切。但數學這科目並非光用背的就能學會。

知識就是力量

「知識就是力量。」是法蘭西斯·培根的墓誌銘，意思是克服四種錯覺征服科學知識後，就會擁有能改變世界的力量。想要獲得在未來必備的數學知識也是如此，如果無法改掉面對數學的生疏態度、著重在入學考試的讀書習慣、錯誤的目的導向、統統背起來的有勇無謀行為，就很難真正把數學學好。

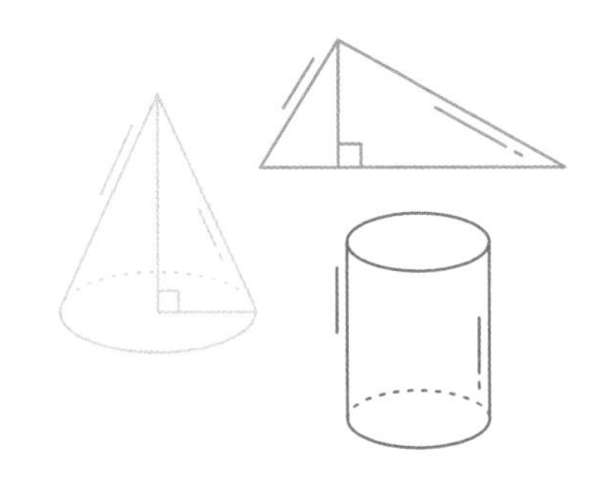

第八章

戰勝數學的方法

保羅．史托茲（Paul G.Stoltz）在他的書《AQ逆境商數》中，依據面對逆境的態度，將人分為三種。

(1) 放棄者（Quitter）

只要遇到難解的問題就放棄、逃走的類型。

(2) 紮營者（Camper）

雖然不會逃走，但會留在原地、維持現狀的類型。

(3) 攀登者（Climber）

面臨逆境也不會放棄，一定會克服的類型。

仔細想想，這些雖然是用爬山來比喻，但巧妙的是，也跟學數學很像。韓國著名登山家嚴弘吉就算已經爬過聖母峰許多次，也無法從登山口直接用飛的飛到半山腰或山頂，他依然是一步一步走。想要征服聖母峰，就需要周全的計畫、事前勘察，以及大量的體力訓練。不過，如果非說哪件事最重要，就是在攻頂前都不能停下來或後退，而是要持續往上爬。

數學也是一樣，你想要學好數學嗎？那麼就要變成前面提到的第三種類型「攀登者」。這座山終究是自己一人要往上爬，我僅能以先走過那條路的前輩立場，告知更有效率的爬山技巧而已。如果先瞭解如何有智慧地分配體力、穿著適合的運動鞋、適當補充水分和糖分，也使用安全的登山杖，就能更快速、輕鬆地攻頂。如此一般，數學沒有捷徑，只有正途。

第一、先讀數學架構圖，掌握概念間的連結

能達到巔峰的頂尖選手們都一致表示，他們每天都會在腦中演練比賽，也會事先想像之後的比賽。NASA 會為了射出一個火箭而組合無數多種情況的參數，用電腦實驗數十種、數百種發射條件。

我們要爬上名為「數學」的高山也是這樣。爬上聖母峰之前，每天都會看地圖檢視登山路線、考量天氣等各種變數來做足準備；同樣地，我們也要每天看著數學地圖，隨時檢視自己現在走到哪裡，以及要走向哪裡。

為什麼穿過看不見盡頭的暗黑隧道時會很煎熬呢？因為會懷疑自己能不能走出隧道，或是不知道還要走多久。如果沒有確定的答案，身體很快就會疲倦，腳步也會變慢，不過如果已經知道隧道結構，記住盡頭在哪裡，就不會累倒而放棄，不是嗎？我教數學時最先給學生看的就是這種大圖。如果淹沒在各式各樣的概念中、不知道盡頭在哪裡，就會懷疑為什麼要讀得這麼辛苦。必須瞭解「開始」與「結束」，才能知道自己在學什麼。

其實我們隨時隨地都能拿到這種告知方向的優秀地圖，那就是前面提到的「數學架構圖」。不一定要是我寫的，只要上網搜尋就

能找到很多厲害的老師製作的架構圖。請印出其中一個你覺得設計好看、方便閱讀的，然後把它貼在書桌前或是顯眼的地方。接下來，每次讀數學之前都要看一次。

如果想知道該往哪裡去、該怎麼去，就要先知道自己現在在哪裡。要有目前的座標，才會有方向和距離，這樣才會知道方法和時間。為了攻數學的頂，途中的任何一個概念都不能放掉或一知半解，所以要看架構圖來正確掌握自己知道什麼、不知道什麼，然後彌補自己還缺乏的部分。

那麼我們最終要抵達的山頂是什麼呢？在我們的地圖上也清楚地標示了那裡。全世界國小、國中、高中數學教育方式都是先明確訂出山頂，再將基礎概念細分出來，考量難易度和連貫性後，分散在教育課程裡。山頂就是能理解微積分的階段，更進一步來說就是微積分的基礎。後面的附錄會更仔細探討微積分，這裡先省略。

微分是呈現出某個量的瞬間變化率。搭車移動時只要知道最終的移動距離和耗費時間，就能計算平均速度（＝總移動距離／總時間），但無法得知每個瞬間的速度。顯示在汽車儀表板或GPS上的瞬間速度是微分計算後的結果，瞬間速度可視為非常短時間的平均速度，是以瞬間移動距離除以瞬間耗費時間算出來的，在數學中這會被描述為「位移對時間微分求得速度」。為了用數學解釋並計算「瞬間」才會出現微分的概念。

積分則是微分的逆運算。某個量的微分是指現在當下變化的型態，所以如果倒著運算反映這變化的型態，甚至能算出到未來某個時間點的變化量。當速度固定時，乘以移動到那裡的時間就能輕鬆算出距離，但如果速度每時刻都改變，就必須以每個時刻的速度乘以持續時間，計算出移動的短距離，然後將移動的距離累計起來後，計算總移動距離，這會描述為「速度對時間積分求得位移」。

不僅是大部分的自然現象，像金融市場這種人為的社會現象也能以微積分解釋，相當神奇，所以現代數學大部分都是以微積分為基礎。然而，為了以數學的角度探討時刻、瞬間這種概念，需要先學極限與無限；而且微積分計算的距離、速度等都是以函數形式呈現，所以要先理解國中時學到的所有函數，基本上包含方程式、變數表達式、四則運算等等。

你看出連貫性了嗎？四則運算、方程式、函數、微積分……如果想要學好數學，就要像走鋼索一樣走在這條路上，不能繞道。如果讀者想要更清楚理解這連貫性，我自己畫了一張地圖，透過六個核心為主軸掌握國小、國中、高中數學全貌，請參考下頁。

別因為看到數學架構圖就害怕，山頂雖然很陡峭，但山下很平緩，也就是說，只要付出一點點努力就可以拿到中等以上的成績。如果你是國中生，一直以來都對數學非常沒把握，不知道上高中後怎麼辦，或者你現在是高二生，正考慮要不要乾脆直接放棄數學，我可以很肯定的告訴你，到高二都不算晚，不，到高三都不算晚。

現在開始，我們看著架構圖，從基礎的概念開始一一解決。猶太教的始祖挪亞，一開始聽到神命令說要蓋方舟時，最先做的事就是種樹。如果從一開始就在毫無基礎的狀況下拚命解困難的數學題，那麼就只能用硬背的了。我們開始吧！踏出的每一步雖然微小卻無比重要。

• 數學架構圖 TREE OF MATHEMATICS •

從國小數學到高中數學，以六大核心為主軸一脈相承的數學地圖。

代數 Algebra ▶▷▶ 微積分 Calculus

	國小・國中數學			高中數學		
BRANCH1	整數、有理數與四則運算 Integer, Rational Number and Operations →	有理數與循環小數 Rational Number and Repeating Decimals →	平方根與實數 Square Root and Real Number →	指數與對數 Exponent and Logarithm →	指數函數與對數函數 Exponential and Logarithmic Function →	連結微積分
BRANCH2	質因數分解 Factorization → 最大公因數 Greatest Common Factor, GCF 最小公倍數 Least Common Multiple, LCM	多項式的因式分解 Factorization of Polynomial Equation → 解二次方程式 Solving Quadratic Equation 二次方程式的根的公式 Quadratic Formula	二次方程式的圖形與性質 Quadratic Graph and Properties →	平面座標 Rectangular Coordinate → 直線方程式 Linear Equation 圓的方程式 Circle Equation 圖形的移動 Translation of Shapes 不等式的區間 Interval of Inequalities	二次曲線 Quadratic Curve 平面曲線與切線 Conic Equations and Tangent Line 向量的運算 Vector Operation 平面向量的性質與內積 Vector properties and Dot product 平面運動 Velocity and Acceleration in Vector field 空間圖形 Space figure 空間座標 Three Dimensional Coordinate 空間向量 Space Vector Rectangular Coordinate	

BRANCH3	變數表達式 → Variable and Expression 解一次方程式與運用 Solving and application of Linear Equation	單項式的計算 → Calculation of Monomial 多項式的計算 Calculation of Polynomial 聯立方程式與運用 Linear System Solving and Application 一次不等式與一次聯立不等式 Linear inequality and Linear inequality System	多項式的因式分解 → Factorization of Polynomial 解二次方程式 Solving of Quadratic Equation 二次方程式的根的公式 Quadratic Formula	多項式的運算 → Polynomial Operation 餘式定理 Remainder Theorem 質因數分解 Factorization 複數與二次方程式 Complex number and Quadratic Equation 二次方程式與二次函數 Quadratic Equation and Function 多重方程式與不等式 Various equation and inequality	連結函數
BRANCH4	函數、函數圖形與運用 → Function, Function Graph and Application	一次函數與圖形 → Linear Function and Graph 一次函數與聯立方程式的關係 Relation of Linear Function and Linear System solving	二次函數與圖形 → Quadratic Function 二次函數的性質 Characteristics of Quadratic Function	函數 → Function 有理函數 Rational Function 無理函數 Irrational Function 等差數列 Arithmetic Sequence 等比數列 Geometric Sequence 數列的和 Series 數學歸納法 Inductive Reasoning	指數函數與對數函數 Exponential Function and Logarithmic Function 指數函數與對數函數的微分 Exponential and Logarithmic Differentiation 多種微分法 Differentiation Technics 導數的運用 Application of Derivative Function 多種積分法 Integral Technics 定積分的運用 Definite Integral 三角函數的意義與圖形 Definition of Trigonometric Functions and their Graphs 三角函數的微分 Differentiation of Trigonometric Function

幾何學 Geometry

BRANCH5	國小·國中數學			高中數學	
	基本圖形 Geometric Shapes →	三角形的性質 Properties of Triangle Shape →	畢氏定理 Pythagorean Theorem →	平面座標 Rectangular Coordinate →	二次曲線 Quadratic Curve
	位置關係 Positional Relations	四角形的性質 Properties of Quadrilateral Shape	畢氏定理的運用 Application of Pythagorean Theorem	直線方程式 Linear Equation	平面曲線與切線 Conic Equations and Tangent Line
	等角 Angle Congruence	圖形相似 Similarity	三角比 Trigonometric Ratio	圓的方程式 Circle Equation	向量的運算 Vector Operation
	多邊形 Polygons	相似圖形的運用 Application and Transformation of Similarity	三角比的運用 Application of Trigonometry	圖形的移動 Translation of Shapes	平面向量的性質與內積 Vector properties and Dot product
	圓形與扇形 Circle and Arc →		圓的弦 Chord of Circled Arc	平面座標上的不等式的區間 Inequality Area in Coordinate plane	平面運動 Velocity and Acceleration in Vector field
	多面體與旋轉體 Polyhedron and Body of Revolution		切線的性質 Properties of Tangent line		空間圖形 Space figure
	立體圖形的表面積與體積 Surface Area and Volume of Three Dimensional Shape		圓周角的性質 Properties of angle of Circumference		空間座標 Three Dimensional Coordinate
					空間向量 Space Vector Rectangular Coordinate

機率與統計 Probability & Statistics

BRANCH6	國小·國中數學			高中數學
	資料的整理 Summarizing Data →	可能性的數量 Odds →	代表值 Measures of Central Tendency →	數列與組合 Permutation and Combination
	資料的分析 Analyzing Data	機率 Probability	變異量 Measures of Variation	分配 Distribution
				二項式分布 Binomial Distribution
				機率的含義與運用 Meaning and Application of Probability
				條件機率 Conditional Probability
				機率分布 Probability Distribution
				統計預測 Statistical Inference

數學架構圖ⓒ鄭光根

第二、打基礎時，練習解題比看很多觀念書更好

足球教練胡斯．希丁克曾在執教韓國球隊時，帶領韓國球員踢進二〇〇二年世界盃四強，大放異彩。他最著名的就是讓球員進行殘酷的體格訓練。

代表隊選手回顧訓練時期時表示，一開始聽說教練是從歐洲來的，所以期待他教一些特別的足球技巧，沒想到很長一段時間都只訓練他們增強體力。在那之前，大家都認為韓國足球選手的體力很好，但技術很差，不過希丁克教練的看法完全不同，他反而認為韓國選手還沒有準備好堅強的體力面對強勢的足球。在選手們結束基礎體力訓練後，不僅在世界盃，在英國、德國、土耳其、荷蘭等國外足球聯盟比賽時，也能盡情發揮出力量。

其他運動也是一樣，第一次學網球或桌球的人得要不斷地反覆練習發球和扣球，非常無聊；第一次學游泳的人一整天都要扶著牆練習漂浮；學格鬥、武術的人一開始也是從護身倒法和腳步開始練習。許多初學者會因為受不了枯燥的練習而放棄，但如果沒有做足基礎的練習，就無法到達下個階段。

那麼在數學世界裡，基礎體力是指什麼呢？許多人會說是「快速正確計算」的能力，沒錯，因為數學要從各種案例中找出共通規則，基本中的基本就是熟悉含四則運算在內的代數原則，也才能延伸到其他規則，而培養這種基礎體力的最佳方法就是「反覆」。

不過，在這裡我想叮嚀一件事，太貪心就會受傷。每個人的程度不同，基礎實力的範圍與強度都不同。熟習跑全程馬拉松、擅長跑半程馬拉松以及一輩子都沒有跑過馬拉松的人，這三種人不能用同樣的強度進行基礎訓練。否則，像我這樣第一次挑戰馬拉松的初

學者，就會在比賽前因過度練習而扭到腳或病倒。正因如此，特別告誡（拜託！）你們不要因為想在考試中拿高分就盲目地反覆計算考古題。

稍微岔題了，現在言歸正傳。這麼說來該怎麼練習打好基礎呢？我推薦國小低年級生可以使用像KUMON這類的練習題，這能培養對數字和計算的感覺，就像熟悉英文字母一樣。如果已經會四則運算，我推薦美國使用的教材「Isidore Dressler」的《Algebra 1（代數1）》、《Algebra 2（代數2）》、《Geometry（幾何學）》，裡面有很多練習題，非常適合拿來自主學習。如果是高中生，我推薦Robert Blitzer的《Precalculus（微積分基礎）》，與James Stewart的《Calculus（微積分）》，裡面涵蓋了高階函數、三角函數、微積分的基本概念到高難度的概念，親切地說明多種高等數學的概念，例子也很豐富。就算完全不懂英文也知道作者在說什麼。如果真的不知道，就問Google翻譯機吧！它們能自動翻譯成你能聽懂的程度（而且還免費）。在機率和統計方面，可以參考David M. Diez寫的《Advanced High School Statistics（進階高中統計）》，美國學生會將這本當成預備考試的教材。

在需要有鑑別度的考試中，出題者一定會想盡辦法出應試者不熟悉的題目，如果要解開不熟悉的題目，就要先瞭解考試範圍內出現的概念的運用規則，而為了瞭解那規則，需要盡可能舉最多樣的案例。正因如此，我希望各位一定要活用收錄各種類型基礎例題的題庫。以後別說是在柏油路上滾，想像你邁向實戰練習後，終究能成為摘下金牌的雪車隊員。

人家說，讀書是靠坐出來的，這句話真的沒錯。有毅力地做某件事情時，終究能成功。最近，「毅力（perseverance）」成為美國子女教育的核心，以前會認為擁有卓越的頭腦，以及靈光一閃的點子是成功的要素，但現在「有毅力地堅持到底的意志」獲得更高的評價，這樣才能在實現點子前，不因逆境或失敗而受挫。讀書也是如此。如果因為覺得困難而輕易放棄，那麼終究無法擁有知識，各位需要的是「無論如何都想盡辦法做到解決為止」的態度。

第三、掌握一道難題，勝過好幾道簡單的題目

剛開始跑馬拉松的人很難立刻跑全馬，需要經歷一段過程的練習，從繞社區一圈開始，逐漸增加距離到十、二十、三十、四十公里……。數學也是一樣，如果已經擁有一定的水準，那麼單純把數字代入公式後算出答案，在培養數學實力方面沒有太大的幫助。可是如果要解開殺手級題目，就一定要找難度更高的問題來「折磨自己」。每天都只重複解差不多的題目，還認為自己某一天就能解開第一名的題目，這種想法真的太安逸了。

這就像是，廚房裡的實習生每天都努力切洋蔥，卻茫然地期待有一天能像大廚那樣煮出一道令人驚豔的料理。明明有切洋蔥的機器，為什麼硬要實習生切洋蔥呢？一定有其他的原因。也許是為了讓他觀察並模仿前輩做菜的樣子，然後在大家下班後整理廚房時，自己也嘗試做做看。

你曾為了長肌肉而努力上健身房過嗎？一般來說，起初都會舉最輕的啞鈴，不過做到最後一組的最後一下呢？手臂已經抖到不行，心臟也跳得超快，可是如果在這裡放棄了，就不會長肌肉。在那之前做的鍛鍊都是為了現在，這個「發抖」的瞬間就是為了突破

肌肉的界線而存在的。

在學數學時，也會隨著有多常遇到「發抖」的瞬間，而決定成績是否能到達顛峰。所以我覺得，一天寫一題也好，一週寫一題也好，要維持固定頻率挑戰困難的題目。韓國只強調在有限的時間內快速解題，導致許多學生和父母更執著在題目「數量」和解題「速度」。當然，對於實力較差的學生來說，快速解基本題是很有意義的，但已經具備一定實力的學生就不應該停留在同樣的水準上。

我知道，大家都更喜歡看到圈圈，而非在寫錯的題目上打叉叉。既然要考試，當然會希望成績高分，而非低分。實力中等的學生認為自己已經具備某種程度的數學能力，所以要去面對算不出來的題目是非常有損自尊心的事。不過，如果只是為了短暫地保護自尊心而持續算普通的題目，永遠都無法達到第一，而且能算出數十本題庫的題目並非值得炫耀的事。

請不要逃避困難的題目。尤其不要因為題庫的題目全都答對就放心。我偶爾跟父母對話時，會聽到他們說：「我的小孩只要是題庫的題目都會寫，但在學校考試成績卻不好，怎麼會這樣？」原因很明顯，市面上的題庫都太親切了，已經按照各個單元，依序說明主題、學習目標、概念定義、解題需要的公式，甚至還有些題庫親切地示範例題該怎麼解，然後依序排列出練習題、實戰題、敘述型題目。這種方式誰都很會解，這就等於是在考試前先告知會出什麼題目，然後實際考試時出一模一樣的題目。

如果我們的大腦能像電腦一樣，只要不按刪除鍵就能永遠保存知識，豈不太好了。但人腦的儲存量有限，所以要練習取出腦中的知識後重新組合，再將既有的概念連結起來，這樣才能訓練記憶力和運用能力。倘若你寫題庫時都可以拿到將近一百分，但實際考試時卻無法發揮實力而覺得委屈，那麼就要思考讀書時是否太依賴題庫「親切的」架構。如果已經寫了很多基礎例題、具備基礎實力，接下來就要為了實戰而挑戰更困難的問題，縱使寫錯也沒關係。為了解題而孤軍奮戰的過程是很重要的。

有些學生會將題庫裡寫錯的題目製作成訂正筆記，然後把解答本裡面的解題過程抄下來，我真的很驚訝。其實，一個題目不只有一種解題方式，再加上就算抄下解題過程後背起來，難道下一次就一定會遇到一模一樣的題目嗎？不要對寫錯的題目太執著，有可能是不懂才寫錯，也可能是不小心寫錯。如果是將自己的計算過程跟解答本的推導過程做比較、反覆思索，這樣就很有意義。但我看那些學生比較像是在製作一本「精美的」訂正本，所以很擔心。

再來，我想推薦一個網站給實力堅強的學生。在美國AMC的數學競賽裡，有很多像大學入學考試中最難的題目，而有個叫做「AoPS」的網站（artofproblemsolving.com），已經分年度整理好題目與解答，可多加利用，你會發現解題的過程比你想的還有趣。

第四、與其每天投資十分鐘，不如投資完整的一天

數學這科目的結構設計是從上而下式（top-down），也就是從目標往下擴張概念而成，所以概念間的銜接關係非常重要。如果一個概念沒有完整地理解，只是大概知道，以後一定會遇到問題。

舉例來說，就算不知道美國某個村落在西部拓荒時代發生的竊馬事件，也不妨礙理解世界歷史脈絡。不過，數學的每個階段都是以理解前一個階段為基礎，所以很難繞過或跳過某個區間，也就是

說，無論是中間哪個階段，只要放棄了，就等同於放棄整個科目。就像打電玩的時候，在前一關無法獲得一定水準的裝備或技術，到下一關就會被敵人揍飛。如果要在數學這科拿高分，就得要確實掌握所有概念，因為這些概念就像粽子一樣彼此相連。

對數是高中課程裡偏難的概念（所以不要因為不懂而自責），而對數函數是指數函數的反函數，所以要理解對數函數，就要先具備指數函數的概念。因此，須先從指數與對數的概念開始學習，再一併學習性質、函數和圖形等，學習才會有效。這樣細分來讀後，過幾天再看又會覺得是全新的。下定決心之後就必須帶著要徹底瞭解的想法來投資時間。

接下來，我們透過對數的性質更具體地檢視我想說明的部分。對數的核心性質如下，無論哪本教科書或哪個題庫都會看到這些基本概念。

(1) $\log_a 1 = 0$

(2) $\log_a a = 1$

(3) $\log_a b^n = n\log_a b$

(4) $\log_a M + \log_a N = \log_a MN$

(5) $\log_a M - \log_a N = \log_a \frac{M}{N}$

(6) $\log_a b = \frac{\log_c b}{\log_c a}$

(7) $\log_{a^m} b^n = \frac{\log_c b^n}{\log_c a^m} = \frac{n}{m}\log_a b \quad (m \neq 0)$

明白這些性質後，不能只是寫幾個例題就結束。特別是覺得對數很難的人，建議花幾天的時間專心寫跟下題類似的幾十個問題。

求$\log_2 3 \cdot \log_3 5 \cdot \log_5 2$的值

思考看看，這種題目要利用對數的哪個性質來解呢？如果利用第六點就能以下列方式算出答案。

$$\log_2 3 \cdot \log_3 5 \cdot \log_5 2 = \frac{\log_{10} 3}{\log_{10} 2} \cdot \frac{\log_{10} 5}{\log_{10} 3} \cdot \frac{\log_{10} 2}{\log_{10} 5} = 1$$

已經熟悉到某種程度後，光是在腦中列出這些性質也能解題，接下來就更深入挖掘，直到能向父母或同學說明的程度。其實「教別人」是教育學當中認為最棒的學習法。

學英文時，一般會認為不間斷的練習比學習量更重要，所以「每天早上十分鐘」這種方式很有效。但數學不一樣，重要的概念要投資時間和心力專注地「咀嚼」。平常難以投資這麼多時間的人，可以利用週末或放假時間。但如果只是今天學一點、明天學一點，過幾天後再學一點，這樣就只會原地踏步，後來就會兩手一攤地說：「再怎麼努力也學不會對數。我放棄了！」

打仗時有一種戰術是「擒賊先擒王」，軍隊一旦失去指揮官，就會四分五裂，所以輕鬆就能取勝。數學也是一樣，有些「BOSS級」的概念是相當關鍵的。我知道，當然不簡單，但走哪條路都無法避開它們，不突破就無法抵達最後一關；相反地，只要能突破這些觀念，接下來就會變得非常輕鬆。

第五、不要硬背，詢問 & 理解後再學習

若將數學比喻為「堅硬的地面」，那麼核心就藏在地底下。接觸到概念、定理和公式時，若能詢問「為什麼？」並挖掘答案，就能更接近數學的真面目。

在數學裡，當然無法無止境地問「為什麼？」。若持續挖掘，最終就會碰觸到無法找藉口的邏輯，也就是「數學」這學問的前提，這點在數學裡稱為「公理」。我認為，與其一個人在地面上長時間思考，倒不如揮動「為什麼？」的鐘子深入地往下挖一次。在這個過程中能改掉「放棄數學的學生」常犯的毛病，也就是「先背再說」，也能體會到看起來很可怕的數學其實沒什麼，並且獲得自信。我們正式地把數學當成「邏輯」的學問來思考看看。

說到這裡，我想先把「為什麼？」這問題分成兩個部分。**第一，為什麼要學？**數學這麼難，如果連學習價值都令人難以接受，那麼讀起來就真的會很辛苦。關於這問題，我前面已經提過好幾次為什麼要學習跟數據有關的矩陣，以及數學這科目的最終目標「微積分」有多麼重要。剛開始學習二進位的時候，可能會覺得自己在學一個很奇怪的東西，但若想理解並使用電腦，這就是個非理解不可的概念。

倘若已經瞭解概念、公式與定理的價值，決定要開始正式學習，那麼接下來就是另一個更重要的問題。**第二，為什麼會這樣？**接觸到不熟悉的公式時，若無條件先背再說，之後遇到進階的公式時，就會因為基礎不穩固而回到又要先背再說的惡性循環，因此如果想要避免這種狀況，就要深入挖掘問題。想必有些讀者會好奇，具體來說到底在講什麼，我會提供一個範例說明。

國中的時候會學到「圓周角」的概念，圓周角的性質中，最重要的就是「直徑對應到的圓周角是直角」。為什麼會這樣呢？

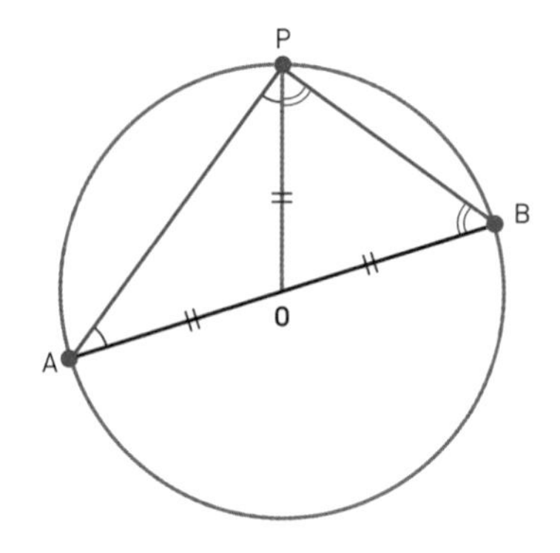

O點是圓心，線段$\overline{AB}$是穿過圓心的直徑。$\overline{OA}$、$\overline{OP}$和$\overline{OB}$都是半徑，全都等長，我們可以看到圖中共有三個三角形，也就是△APB、△OPA和△OPB，其中△OPA和△OPB是等腰三角形。

$\angle OAP = \angle OPA$，$\angle OBP = \angle OPB$

$\angle APB = \angle OPA + \angle OPB$

現在就可以利用「三角形三個內角和為180度」來說明為什麼圓周角是90度。

$$
\begin{aligned}
180^\circ &= \angle OAP + \angle APB + \angle OBP \\
&= (\angle OPA + \angle OPB) + \angle APB \\
&= 2 \times \angle APB
\end{aligned}
$$

$$\angle APB = \frac{180^\circ}{2} = 90^\circ$$

這樣就可以導出「直徑對應到的圓周角是直角」的結論。我們再來看下一個題目。

平面座標上有A點$(-\sqrt{5}, -1)$、B點$(\sqrt{5}, 3)$，假設直線$y=x-2$上有互異的P點和Q點能使$\angle APB=\angle AQB=90°$，而線段PQ長度為$l$，求$l^2$的值？

上題是求「弦的長度」的高難度問題。大部分的人一看到這題就已經嚇到忙著逃走了，但如果曾經像上面那樣親自推導出圓周角是直角，就能察覺到「$\angle APB=\angle AQB=90°$」是線索，因為這代表$\angle APB$和$\angle AQB$是對應到直徑AB的圓周角。也就是說，題目實際上是在問以線段$\overline{AB}$為直徑畫出的圓和$y=x-2$這條線相交的割點的距離。請參考下圖。

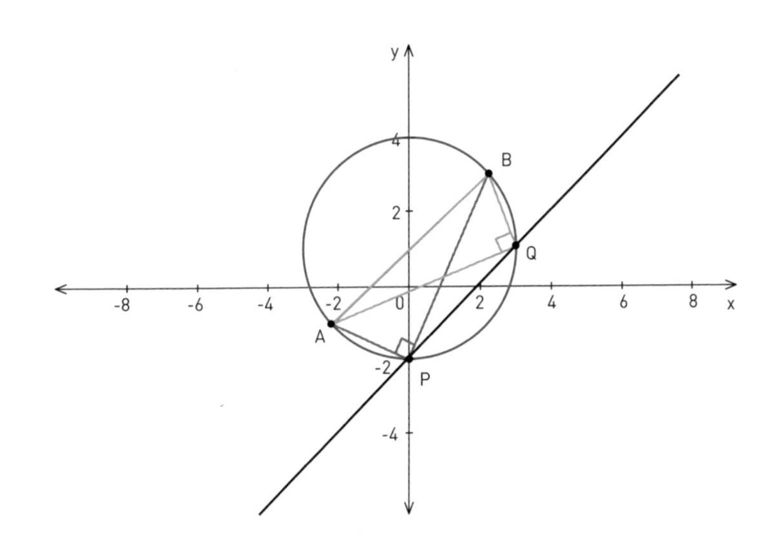

下一步，我們試著問「為什麼公式是這樣？」

國三時學過平面座標上求兩點間距離的公式。

$$d=\sqrt{(x_2-x_1)^2+(y_2-y_1)^2}$$

而且到高一會學到圓的方程式。

$$(x-h)^2+(y-k)^2=r^2$$

其實這兩個公式都是從國二學到的同一個公式衍生出來的，也就是「畢氏定理」。如果將$(x-h)$、$(y-k)$、(x_2-x_1)、(y_2-y_1)平方，就可以知道跟畢氏定理的$A^2+B^2=C^2$型態一樣。

以(x_2-x_1)為底邊、以(y_2-y_1)為高的直角三角形，斜邊長度正好就是d，所以兩點間的距離公式自然就跟上面一樣，更進一步，只要把d換成r後加上平方，就非常近似圓的方程式，把跟(h, k)距離r的所有點(x, y)畫出來，正好就是一個圓，而圓的定義就是「在平面上以(h, k)為起點，距離r的所有點的集合」，這兩個是同一個脈絡。

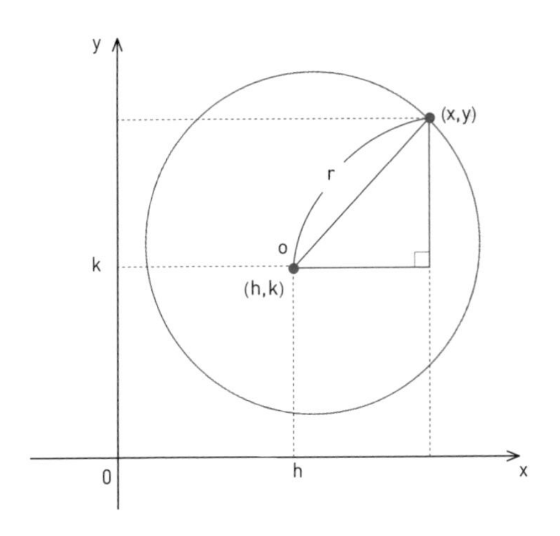

用這種方式學習，原本看起來很複雜又困難的概念就會變得簡單，接下來要理解和記憶公式就變得容易。不過，有時候就算問了「為什麼？」也沒有人能回答。這種時候，Khan Academy（www.khanacademy.org）就能派上用場。美國學生真的很常使用這個免費線上教學網站。每個概念都有短影片，影片也先考量前後連貫、按照內容難易度整理好了。如果你每次詢問老師「為什麼會這樣？」都害怕會遭到老師或同學的白眼，那麼你可以多多使用這個網站。

閱讀數學史或數學家傳記也非常有幫助。這些書籍可以幫助你理解數學概念是根據什麼需要而產生的，以及為什麼會約定這樣使用。由烏塔．默茨巴赫（Uta C. Merzbach）和卡爾．波耶（Carl B.Boyer）合著的《數學史（A History of Mathematics）》，很值得閱讀，裡面非常清楚地說明數學的起源與概念的相互關係，我很想推薦給讀者們。書中還有收錄數學家的故事，讀起來不會太無聊。

也許會有人批評說，拋出「為什麼？」的疑問很容易，但找出答案並不容易，不適合兒童數學教育。我只同意一部分。有些學者甚至會將回答一個好問題當成一生的志業，這就表示找出「為什麼？」的答案其實有多麼困難。當老師或父母叫孩子背九九乘法表時，若孩子一直問為什麼，該怎麼回答呢？如果自己從小數學就學不好，應該會更難回答。

不過，要學生問「為什麼？」，並不是一定要找出答案，用意是希望學生至少要懷疑一次：「這個公式真的有必要嗎？我一定要背這個嗎？」自己至少要想過一次、親自確認，這是很重要的。舉例來說，如果題庫提供了某個公式，也提供練習題，那麼請不要不加思索地直接把數字帶入公式解題，而是花一兩分鐘思考有沒有辦法不用公式也能解題。要不要這樣試試看呢？

面對權威時不要退縮、不要害怕提出問題。現在微小的遲疑，往後可能會變成巨大的洞找上門。一定要思考、詢問後再理解。尤其韓國數學教育的方針長期都著重在升學上，導致大家花很多時間在研究解題技巧。不過，倒立的金字塔總有一天會翻覆的。尤其我在教學時，一定會讓學生記住一件事：絕對不要硬背，絕對不要只是習慣性地解題，一定要想想為什麼而背。

結尾

截至目前為止，我提到了在教學現場親身領悟到學好數學的幾個技巧，但其實我真正想叮嚀的只有兩件事。**第一，決心**。再怎麼好的老師、再怎麼好的教材都無法代替你念書，若沒有付出代價絕對無法成為數學大師，一定需要想真正學好數學的決心。我說的決心當然不是只在心中吶喊，西方有句俗諺：「傻瓜總是只會下決心。」我看到的數學能力優異的學生，全都投資一定程度以上的時間在學數學。為了不要只是三分鐘熱度，我希望你從小的決心開始一一實現。

第二，毅力。有句話說，習慣的養成，需要三週時間。美國醫生麥斯威爾·馬爾茲（Maxwell Maltz）的著作《改造生命的自我形象整容術（Psycho-Cybernetics）》裡提到，大腦要過三週才能烙印新的習慣，這說法已經透過心理學家與醫學家的研究建立體系，而烙印在大腦的習慣如果要讓身體完全習慣則需要三個月。數學初學者的路比你想得更無聊、更辛苦，走在這條路上時會無法理解為什麼要走，不過如果沒有停下來，而是在前進的過程中想像著三週、三個月，甚至是一年後改變的自己，就會發現自己在不知不覺間成為數學高手，懂得品味數學的魅力。

數學並不容易。我不想說那種甜言蜜語，告訴你數學很簡單，我也不想強迫你說數學很有趣，但我在書末會介紹數學課程的最終目標，也就是微積分。期望能多少幫助因各種原因而想學好數學的讀者。祝你無論如何都能勇往直前！

附錄

淺談微積分

只要看得到盡頭，學習就會容易很多。所以本書的最後想要呈現「什麼是微積分」，亦即全世界所有數學教育的最終目標。當然光憑以下提到的內容不可能成為微積分「大師」（現實中並沒有那種魔法）。可是，只要知道現在讀的數學，以及往後將讀的數學是要朝向何處，應該就能領悟到該怎麼學數學。考量到有些讀者還沒學過微積分，或在學生時期沒有學好微積分，因此我盡可能用容易理解的方式寫下這些內容，希望你們能透過這次機會理解微積分的常識。

在說明微積分之前，我想先澄清一個誤會。韓國有個好友曾對我說：「美國不教微積分嗎？我看報紙上說，微積分沒什麼用處，卻提高考試難度，連帶增加補習費用。」這番話完全錯誤。美國跟韓國不一樣，學生是自行選課來填滿畢業學分，高中可選的數學課大致如下（依難易度排序）。

代數1 Algebra 1（國一、國二）
幾何 Geometry（國一～國三）
代數2 Algebra 2（國三、高一）
微積分基礎 Pre-Calculus（高一～高二）
基本微積分 AP Calculus AB（高三～大學）
進階微積分 AP Calculus BC（高三～大學）

微積分基礎就是字面上的意思，為了聽懂微積分而必須知道的先備知識，會學到各種函數、指數、對數、向量等等。如果無法吸收這些課程內容，就會跟不上微積分的課程，也無法正確理解。

其實在美國，高中就算不學微積分，「理論上」也不妨礙進大學，SAT也不會探討微積分。但這不代表他們不學微積分。據我所知，美國大部分的大學提出的最低入學條件都是修完微積分的基礎。在美國只有少數人能讀大學，學費也不便宜，想上好大學的學生真的是會去很貴的地方拚命念書，所以有些人甚至連進階微積分都會先上完。

以二〇一七年統計資料來看，美國學過基本微積分的學生是316,099人，這比美國二十所頂尖大學的學生還多十倍以上，其中18.7%（59,250）的人拿到滿分（5分），這裡說的滿分並不是答對所有題目，而是大約答對七成以上的題目。上過進階微積分的有132,514人，其中42.6%的人拿到滿分（5分）。

一般的學校幾乎沒有進階微積分的課程，因為能教好進階微積分的老師、有能力學習的學生並不多，所以有學完進階微積分的學生，基本上本身的數學能力非常好。這樣你還覺得不會微積分也能讀美國的大學嗎？

前面說過，全世界數學教育最重要的目標，就是要達到能瞭解微積分的基礎或是能學習微積分的階段。因為微積分是理解並發展現代科學技術的必須工具，不僅是想要成為科學家或工程師的人，主修經濟或管理的人也要懂微積分。舉凡原物料價格、商品成本、貨幣量、利息、匯率、經常收支等多種社會現象，都是以數據、圖形呈現，微積分這個數理工具在分析、掌握因果關係以及推導最適結論方面非常有用。

不過，很多人在朝著微積分前進的過程中就放棄數學了。前面提到，數學這學科的連結性很強，整體結構中就算只是少一個，依然會全部垮掉。書中的篇幅有限，很難全部說明，但以下還是依序介紹「函數、極限、微分、積分」的觀念，以此描繪出整體，希望這些內容能對各位有所幫助。

STEP 1. 函數

微積分的對象是函數，因此必須從函數的定義開始了解。函數是在呈現某種關係規則，輸入某個數值後就會輸出多少，在這裡會以x、y、z等變數來呈現輸入與輸出的關係。

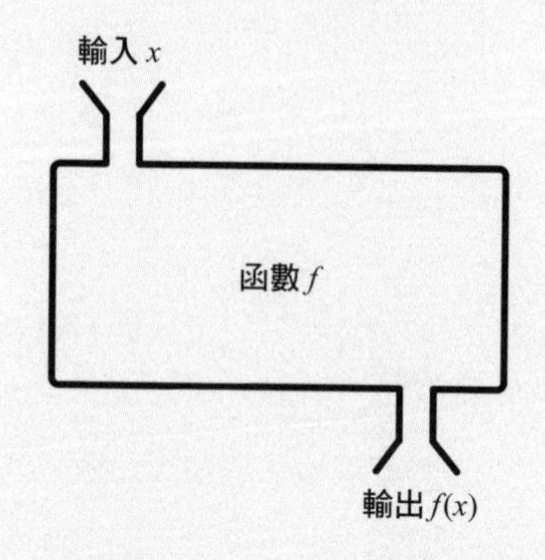

現實生活中的問題絕大部分都不會只有一個輸入和一個輸出。假設，為了降低懸浮微粒y，該注意的要素x不會只有一兩項。不過對初學者來說，包含各種變數的關係（稱為多變數函數）還是太難，更重要的是，只要訓練到會計算x、y兩個變數的關係，當變數變多時就不會太難理解。所以，以下會用$y=f(x)$來說明。

首先要正確瞭解「函數是什麼？」。請把函數想像成一個飲料自動販賣機。一般來說，如果自動販賣機上有五個按鈕，通常代表有五種不同的飲料，如可樂、雪碧、芬達、咖啡、礦泉水。不過有時候五個全都是同一種飲料，雖然會覺得製造商很懶，但也不是什麼特別大的問題，反正不想喝就不要投銅板進去就好了。然而，如果明明按一樣的按鈕，有時候出來的是可樂，有時候出來的卻是雪碧，這樣真的有問題。對討厭雪碧的人來說，真的很無言，說不定還會氣到踢自動販賣機。這種販賣機無法成為函數，老實說，也沒有資格當販賣機，因為它並沒有依據輸入值決定輸出值，而是任意決定。目前為止的說明若以圖形來表達即為如下。

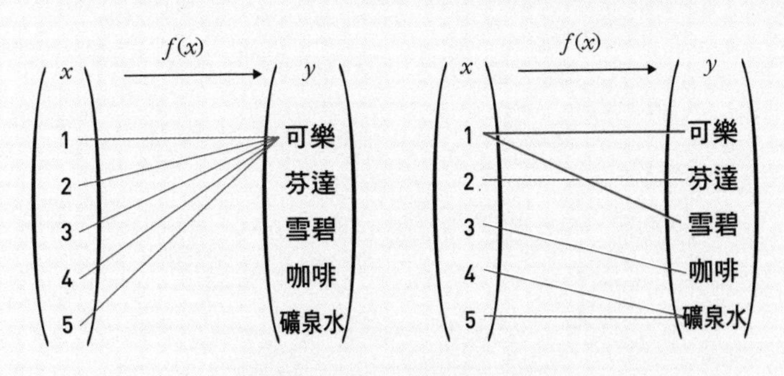

左邊是函數，右邊不是函數

已經理解何謂函數後，現在來討論「呈現函數的方式」。比方說「y比兩倍的x多1」，這句話可以寫成「$y = 2x + 1$」的算式，也可以用下列圖形呈現。

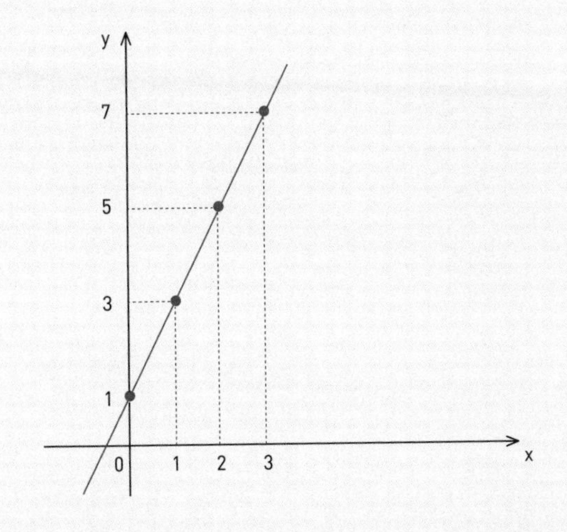

畫出這樣的直線的函數稱為「一次函數」，畫出拋物線圖形的函數是「二次函數」。學習微積分的課程骨架就是包含一次和二次函數在內的十二種函數，只要以這十二種函數為基礎，也能輕鬆理解其他複雜圖形的函數。

1. $y = x$

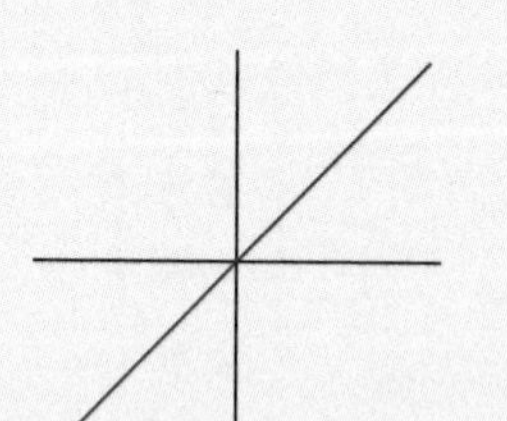

2. $y = x^2$

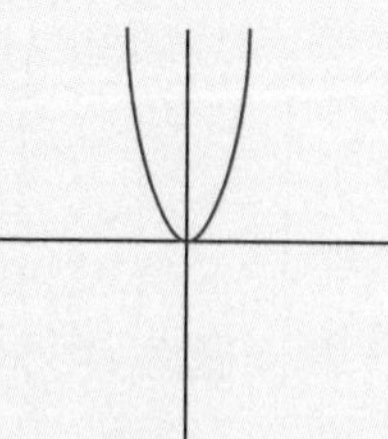

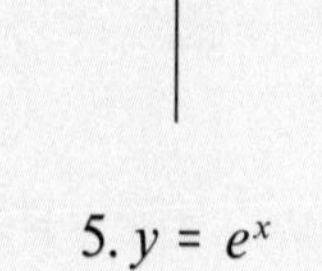

3. $y = x^3$

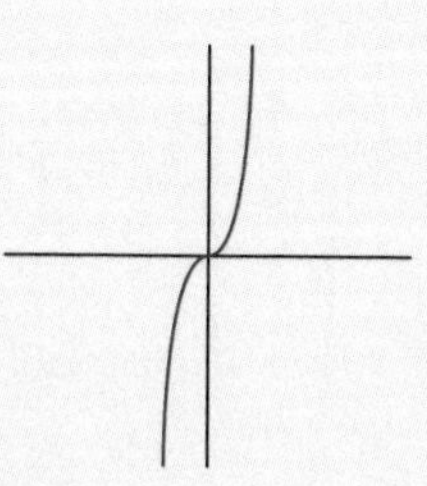

4. $y = \sqrt{x}$

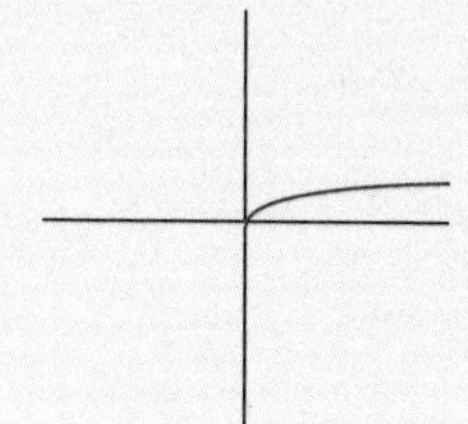

5. $y = e^x$

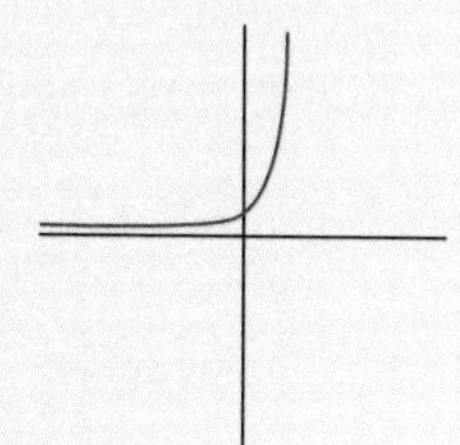

6. $y = \ln x$

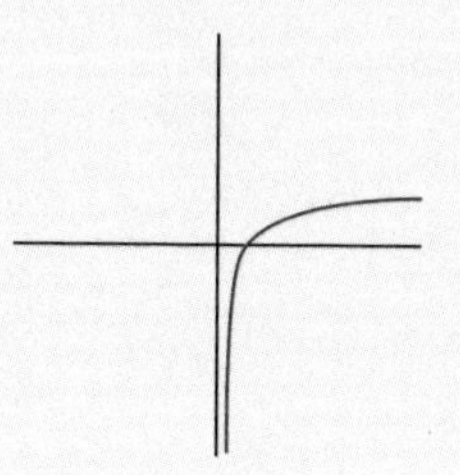

7. $y = \sin x$

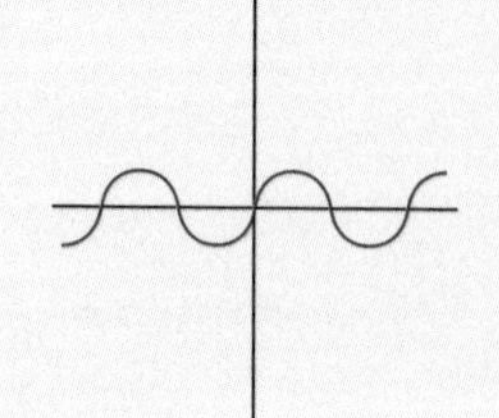

8. $y = \cos x$

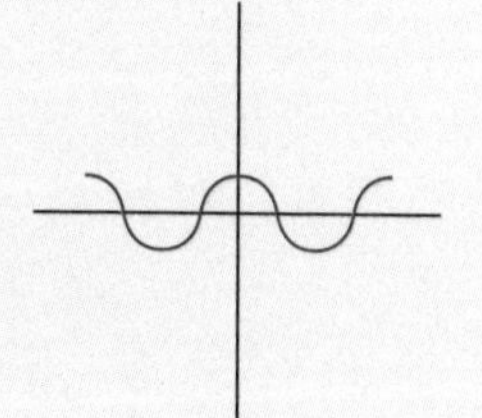

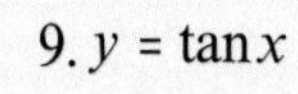

9. $y = \tan x$

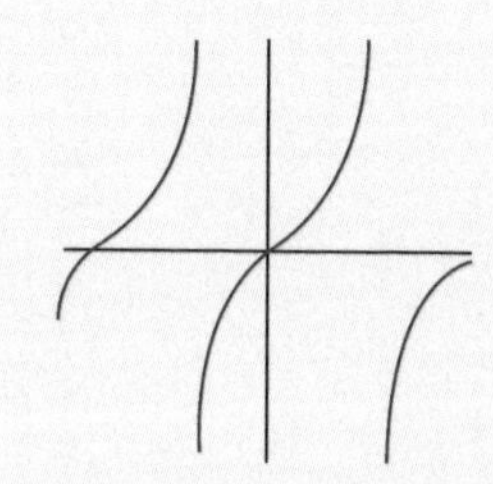

10. $y = |x|$

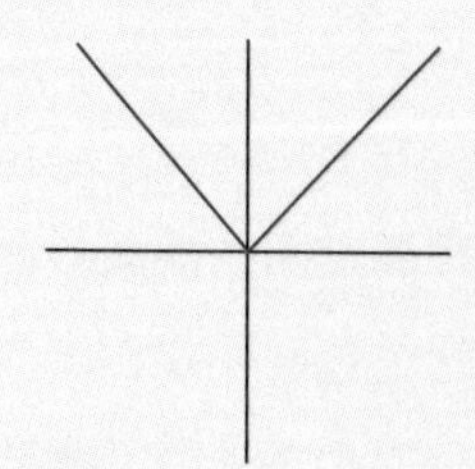

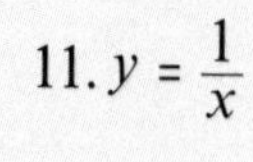

11. $y = \dfrac{1}{x}$

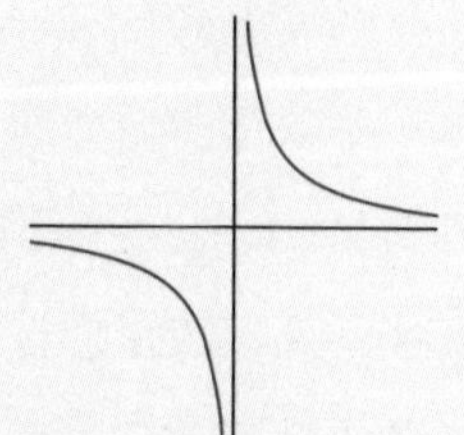

12. $y = [x]$

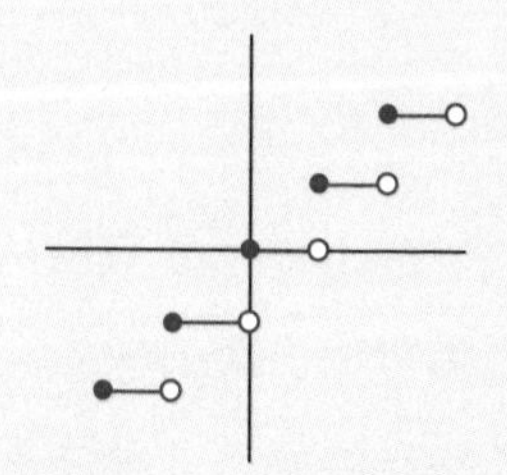

十二種基本函數

希望你不只掌握每種基本算式，連圖形都務必要熟悉。如果覺得在方格紙上畫出平面座標很麻煩，也可以使用電腦程式。Desmos Studio網站(www.desmos.com)裡有很多相關的有用內容。

好，我們來解一道題，順便確認是否理解函數。

> 在平面座標上有三點分別是A(6, 0)、B(0, 4)、C(0, 0)，以及函數$y = ax$ $(a \neq 0)$的圖形上的點P。當三角形PCA的面積是三角形PCB面積的4倍時，求a為何？

首先我們來畫圖（解函數題請盡量畫圖）。

P點的座標用(x, ax)表示。

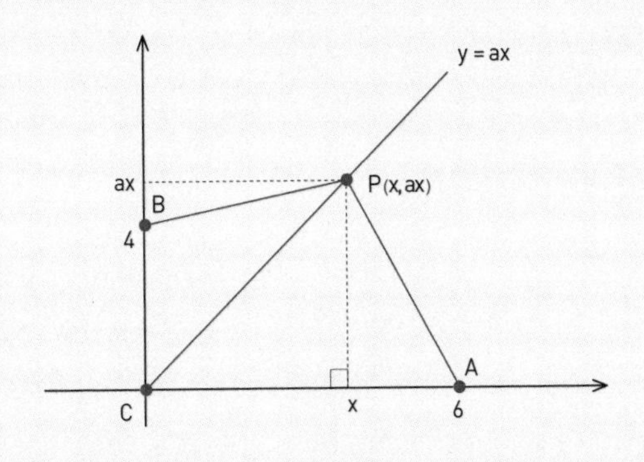

接下來，我們用包含x的函數來表示三角形PCA的面積和三角形PCB的面積。

三角形PCA的面積$f(x) = 1/2 \times 6 \times ax = 3ax$

三角形PCB的面積$g(x) = 1/2 \times 4 \times x = 2x$

題目說三角形PCA的面積是三角形PCB的面積的4倍，所以可以得到如下算式。

$f(x) = 4 \times g(x)$

$3ax = 4 \times 2x$

$a = 8/3$

這是國一程度的題目。重點並不是答對，而是瞭解使用了何種數學原理。一開始要知道求三角形面積的公式，而且也要會解方程式，最後要知道如何用包含x在內的函數來表示三角形面積。

函數就說明到這裡，接下來我們移動到下個階段。

STEP 2. 函數的極限

一般來說，在學微積分之前會先學數列的極限和函數的極限，但是「極限」這概念讓學生學得蠻痛苦的，要不然怎麼會在數列學一次、在函數又學一次呢？其實這也讓數學家頭痛很久（希望能安慰到你，不要因為學不好而灰心）。

「極限」這概念是用來理解數學裡面的「無限」的工具。所以首先我們要思考「無限」這概念。但其實這是個不可能完美理解的概念。比方說，自然數與（比0大的）偶數，哪個更常見？自然數包含奇數和偶數，而偶數佔其中一半，所以自然數應該是兩倍多；同時，所有的自然數乘以2就會對應到所有的偶數，所以你可能會覺得兩者數量應該差不多。這是因為自然數與偶數都是無限的。

此外，0.9999999…＝1，這是對的還是錯的？你可能會說，無論小數點後的9再怎麼多，終究還是比1小。那我們來看看下面的算式吧。

1/3＝0.33333…

1/3 × 3＝0.33333… × 3

1＝0.99999…

你開始感覺混淆了嗎？這是正常的，因為無限的概念就是這麼模糊！

為什麼這麼難理解無限的概念？因為它跟我們的常識不一樣。前面提到的0.99999…可以用0.9＋0.09＋0.009＋0.0009…來表示。雖然一直加下去，但不會變成無限大，常識會告訴我們這很難輕鬆接受。但請回想在第七章裡我說，「以定義為基礎，一一理解不一定跟我們的直覺、經驗相合的概念，這就是踏上陌生的數學學習法第一步需要的態度。」

那麼，現在我們來看$y＝1/x$的函數。

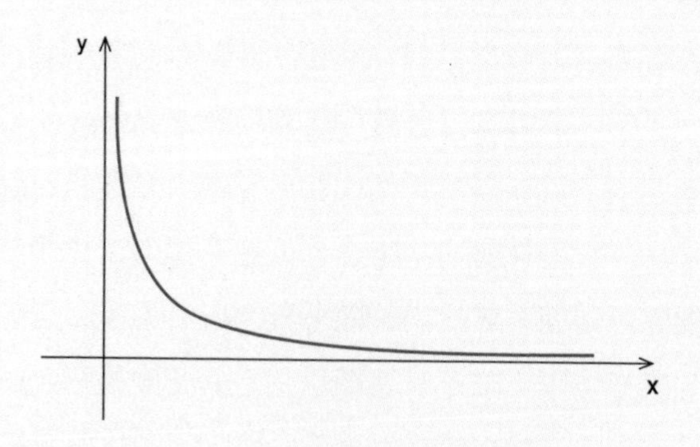

這個函數跟2、4、6、8這種零星排列的數列不同，是有延續性的。當x值無限大時，y值會如何呢？越往右，圖形就越靠近x軸，也就是無限靠近0。不過，不管x有多大，$y = 1/x$依然只會靠近0，函數值$1/x$絕對不可能是0。然而，如果無法清楚表示數值就不可能計算。雖然靠近0卻不是0的極小數，乘以2會是多少呢？自然現象乍看之下沒有規則，但如果切成非常細微的單位，就會看到一定的型態。為了要以數理的角度來掌握並使用這點，無論使用何種方式，都要形成概念才行。

所以，在討論函數的極限（limit）時，會寫成$\lim_{x\to\infty}$（x趨近於無限大時的極限值）來表示。將「x趨近於無限大時y的極限值」寫成$\lim_{x\to\infty} y = \lim_{x\to\infty} \frac{1}{x}$。也就是說，$\lim_{x\to\infty} y$表示，當$x$趨近於無限大或靠近某一個點的時候，就是趨近$y$本身。

STEP 3. 微分

終於到了微分。假設你正從首爾搭車移動到釜山，兩個城市的距離是400公里，從早上九點出發，下午兩點抵達，那麼以「平均速度是距離除以時間」來計算，時速就是80公里。

不過，汽車實際上並不是持續以一定的速度移動，到休息站的時候，汽車會完全靜止；或者行駛途中，為了超車會瞬間加速、因為塞車會慢下來。這麼說來，如果想知道汽車在出發後3小時15分的瞬間速度該怎麼算呢？

難道是3小時15分和3小時16分之間的平均速度嗎？求得3小時15分和3小時15分30秒之間的平均速度會是更正確的答案嗎？那麼，如果是3小時15分和3小時15分10秒間的平均速度呢？假設不是10秒而是1秒呢？或是0.1秒呢？這樣算下去，可以算出3小時15分和3小時15分之間比0.1、0.01更小的某個h秒的平均速度嗎？將這想法擴大出來就是微分。

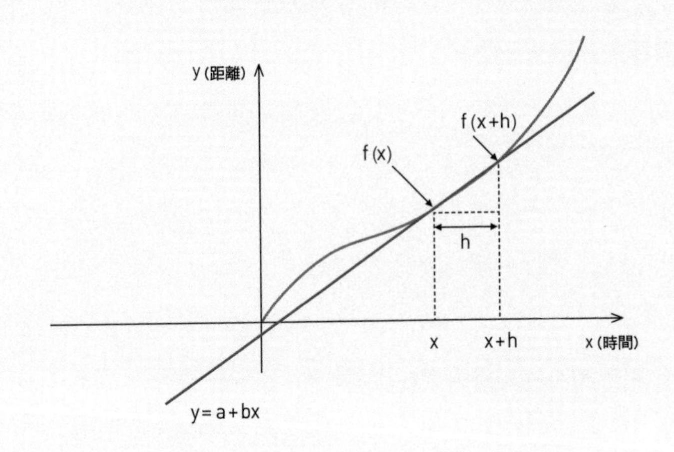

那麼我們就將距離y微分來算出特定時間x的瞬間速度y'。依照前面的概念，特定時間x的瞬間速度，可以說是時間x和「非常短的時間」$x+h$間的平均速度。

$$平均速度=\frac{移動距離}{耗費時間}=\frac{結束位置-起始位置}{結束時間-起始時間}$$

起始時間是x，結束時間是$x+h$，起始位置和結束位置就是將起始時間x和結束時間$x+h$帶入$f(x)$得到的$f(x)$和$f(x+h)$，所以我們計算結果如下。

$$y'=\frac{f(x+h)-f(x)}{(x+h)-x}=\frac{f(x+h)-f(x)}{h}$$

當然這並不準確，因為無論h再怎麼小，終究是在h時間間格內的平均速度，並不是時間點x的瞬間速度，所以需要極限的概念。若求得h無限趨近於0時的極限就能解決，這時$h\to 0$就代表h無限趨近於0。

$$y'=\lim_{h\to 0}\frac{f(x+h)-f(x)}{h}$$

這次我們實際定義函數來微分。

$$y=f(x)=x^2+x$$

實際上只要持續踩著加速踏板，速度就會持續增加，而累積的移動距離會以二次函數的型態增加，這時就能以下列算式求得瞬間速度y'。

$$
\begin{aligned}
y' &= \lim_{h\to 0}\frac{f(x+h)-f(x)}{h}\\
&= \lim_{h\to 0}\frac{(x^2+2hx+h^2+x+h)-(x^2+x)}{h}\\
&= \lim_{h\to 0}\frac{2hx+h^2+h}{h}\\
&= \lim_{h\to 0}(2x+h+1)\\
&= 2x+1
\end{aligned}
$$

將距離y的函數微分後，就能求得瞬間速度y'的函數，也能知道1秒$(x=1)$時的速度是$y'=2x+1=2+1=3$（公尺／秒）。

微分並不只是用來計算速度。想知道移動距離隨時間改變而變化的比率（速度）時，會將距離微分；同樣地，想知道$y=f(x)$隨著某個數量x的變化而改變的比率y'時，也可以用同樣方式計算。

STEP 4. 積分

二次函數的微分是圖形上一點的斜率，積分則是用底下的面積來呈現。其實微分和積分是互逆的，所以將剛剛求得的速度$y'=2x$

$+1$積分後，就能算回距離$y=x^2+x$。（其實還有「積分常數」的概念，所以這說明並不嚴謹，以後正確學完微積分後，再來找找看這裡有什麼問題吧！）實際畫出$y'=2x+1$的圖形並求底面積就會得到x^2+x。

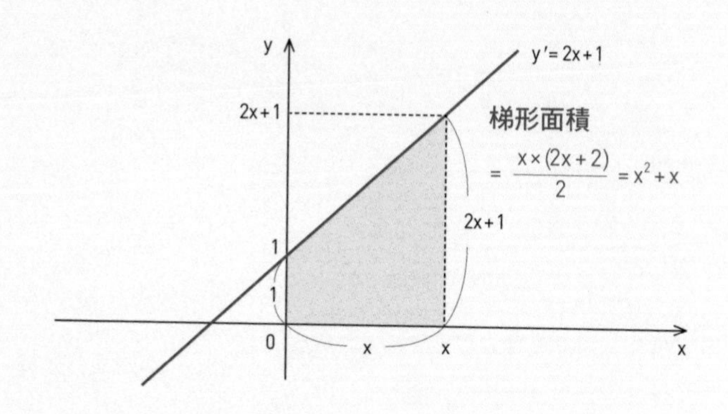

不過，很少會有圖形像這樣是直線的，大部分都是曲線，因此很難計算底面積，所以才需要積分。在這裡我不會深入說明，但積分就是將曲線下的底面積切割成無限多個薄薄的四邊形後，再將各個四邊形的面積加總，這稱為「區分求積法」，積分就是以此發展的。這裡提到的「無限多」同樣也是使用極限的概念。

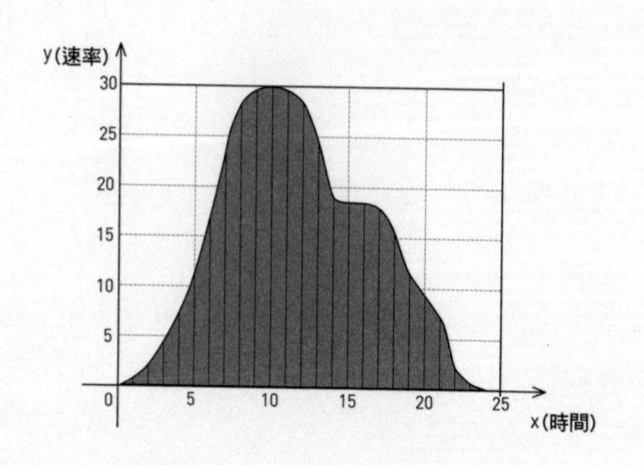

我們透過另一個例子來看微分和積分的關係。圓的面積公式A $= \pi r^2$ 是從積分的概念形成的。如下圖所示，圓的面積公式是來自於將許多同心圓的周長 $S = 2\pi r$ 加總起來形成面積的概念。

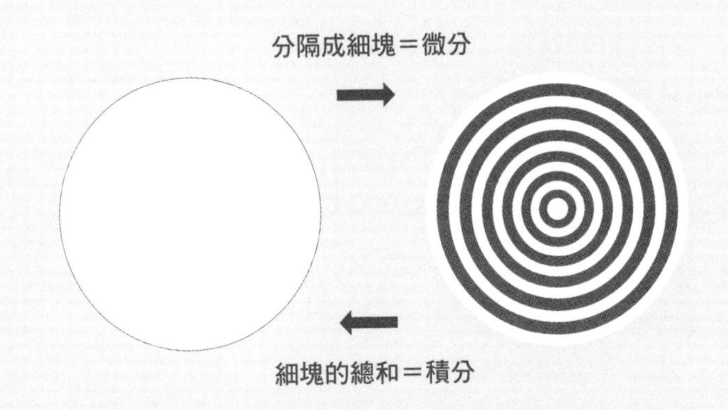

如果將最裡面的圓周開始加到最外層的圓周（也就是積分），就會形成圓面積；如果將圓面積切成小塊（也就是微分）就會出現圓周，這是理解微積分的最基本概念之一。看到這裡可能還是覺得很迷糊，但等你的實力不斷累積後，總有一天你能自己推導出「將圓周對半徑積分」的圓面積公式。

微積分是用來觀察和分析現今複雜社會的工具，所以微積分像現實的複雜度一樣困難是很合理的。再加上，人的知識邏輯體系適合有限的對象或時間，但微積分的定義裡包含無限的概念，當然會很困難。

如果要比喻微積分，我會說：「微積分是洋蔥。」你問我這是什麼意思嗎？可以把剝下一層洋蔥皮想成剝下洋蔥的一層表面積，而且體積也會減少，一直剝下去，洋蔥就沒了。那麼如果從被剝下的小片洋蔥皮開始黏回去呢？沒錯，洋蔥又會再次恢復原本的體積。如果將洋蔥的體積微分，也就是說洋蔥剖開成好幾個小塊，就會變成洋蔥皮（表面積），而那些皮（表面積）重新收起來黏回去，又會形成一個體積完整的洋蔥。

STEP 5. 實戰

現在來探討大學入學考試的題目，以下是二〇一五年數甲第二十九題的題目。數學科考試共有三十題，後半部的分數是四分，表示難度偏高。

> 29. 所有實數x都滿足$f(x)$和$g(x)$兩個多項式函數
>
> $$g(x)=(x^3+2)f(x)$$
>
> $g(x)$在$x=1$時會有最小值24，求$f(1)-f'(1)$的值。

現在看到$f(x)$和$g(x)$的描述應該不陌生了。$f'(x)$跟前面提到的y'一樣，表示$f(x)$對x的微分。因為題目說要算出$f(1)$和$f'(1)$，所以我們先將$x=1$代入條件運算式。

$$g(1)=3f(1)$$

然後利用高中微積分課程學到的「乘積法則」，將兩邊微分。

$$g'(x) = 3x^2 f(x) + (x^3 + 2) f'(x)$$

這裡x也同樣代入1

$$g'(1) = 3f(1) + 3f'(1)$$

現在開始茫然了。如果知道$g(1)$和$g'(1)$，應該就能求出$f(1)$和$f'(1)$。該怎麼辦？題目的重點在於「$g(x)$在$x = 1$時會有最小值24」這部分。這部分提供兩個資訊，首先$x = 1$的時候，$g(x)$是24，也就是說$g(1) = 24$。

另一方面，高中微積分課程也學過最大值和最小值。簡單來說，最大值和最小值就是圖形的山峰和谷底。其中最高的山峰是最大值，最低的谷底是最小值。

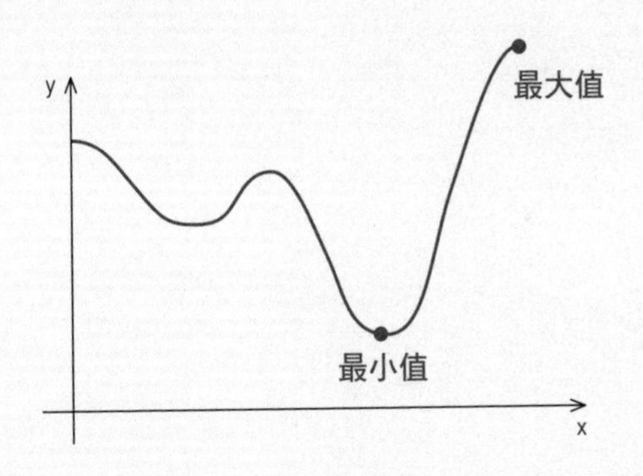

一次函數的直線沒有山峰和谷底，二次函數的拋物線山峰或谷底只會有一個，所以會說最大值或最小值，不會說極大值或極小值。重點是，在這山峰和谷底的地方，切線斜率是0，也就是說，$g(x)$在$x = 1$的時候有最小值（谷底）的含義是，將$x = 1$代入$g(x)$

微分後的$g'(x)$會是0。$g'(1)=0$。

$g(1)=24$、$g'(1)=0$，所以$f(1)=8$，$f'(1)=-8$，因此答案就是$f(1)-f'(1)=8-(-8)=16$。不管多麼會算微分，不管把「以微分求最大值和最小值」的方法背得多熟，如果無法利用「$g(x)$在$x=1$時會有最小值24」的提示，就很難算出答案。

最後我們再算一題。既然持續提到微積分在現實生活中非常好用，接下來會介紹一個以生活中會接觸到的狀況來出題的題目，這是美國進階微積分考試實際出過的題目。

> 假如要製造出一個能裝一公升的圓桶型油漆罐，若要以最少的錢製造油漆罐，那麼圓桶的半徑和高度是多少？

若要製造出油漆桶，就需要油漆桶的蓋子、底部，以及形成圓桶的側面，分解如下。

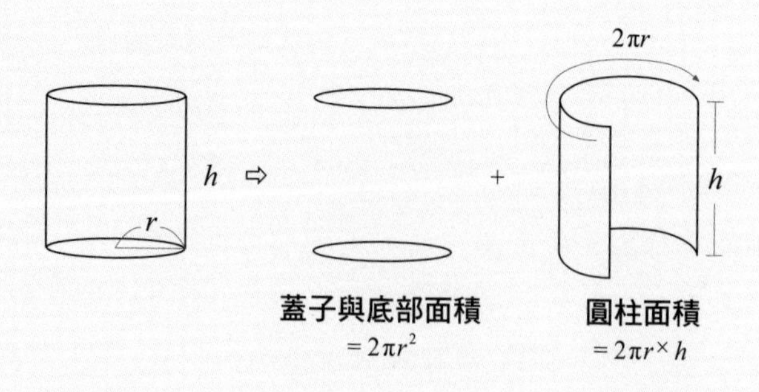

油漆桶的材料面積A能用下列算式呈現。

$$A = 2\pi r^2 + 2\pi rh$$

一個算式裡包含兩個變數，也就是r和h，計算並不容易。所以我們再看一次題目，看有沒有其他的線索，仔細看就會得知還有「油漆桶體積是一公升」這條件。圓柱體積V是底面積乘以高，我們來利用這點，得到以下算式。

$$\mathrm{V} = \pi r^2 h = 1$$

$$h = \frac{1}{\pi r^2}$$

代入第一個算式後就能用下列方式將變數h消掉。

$$\mathrm{A}(r) = 2\pi r^2 + \frac{2}{r}$$

乍看之下，有平方又有分數，令人不禁開始混淆，這個函數圖形是前面看過的十二種基本函數加上分數的圖形，到底會是什麼樣子？在這令人混淆的圖形裡求出A的最小值，就是這個題目的核心。剛剛說明了最大值、最小值、極大值、極小值。要不要試著利用「在這些點微分就等於0的性質」來解題呢？

解到這裡已經差不多了，之後就是計算了，使用計算機也無妨，要不然我也會幫你算，所以如果想知道答案就繼續看下去。

$$A'(r) = 4\pi r - \frac{2}{r^2} = \frac{4\pi r^3 - 2}{r^2} = \frac{4\left(\pi r^3 - \frac{1}{2}\right)}{r^2} = 0$$

$$\pi r^3 - \frac{1}{2} = 0$$

$$\pi r^3 = \frac{1}{2}$$

用計算機算出答案後，就能知道$r = 0.541926$，而且$\pi r^2 = \dfrac{1}{2r}$，所以將$h = \dfrac{1}{\pi r^2}$代入這個算式，也能得到$h = 2r$的關係式，因此$h = 1.08385$。也就是說，直徑和高度同樣的圓桶能以最小面積（最少材料）裝進1公升的油漆。

到目前為止是淺嚐微積分，有些部分已經犧牲掉數學的嚴謹，盡可能說明得最簡單。前面提到的都只是到達微積分基礎課程的部分橋樑。不能只知道函數是什麼，還需要按照課程學習一次函數、二次函數、高等函數、指數函數、對數函數、三角函數，以及圓、橢圓、雙曲線的方程式等所有內容。如果在函數卡住，就需要回去檢視方程式，甚至更回去檢視各種文字算式的展開以及質因數分解。中間簡單提到極限、級數，其實裡面還有更龐大的內容，所以一定要看教科書來補充。此外，微積分是以實用為目的而出現的學科，所以還包含時間、距離、速度、加速度等各種古典力學，以及圓的面積、球的體積等幾何學。絕對不可能在短短幾分鐘內就完全上手。希望各位能一步一步前進，堅持不放棄。

往後還會經歷漫長的課程，肯定不容易，但數學依然是觀察二十一世紀的重要視角、二十一世紀通用的新語言，希望你能依照這本書的建議，按部就班學習，未來不只是「淺嚐」微積分，而是能挑戰「咬碎」微積分。

台灣廣廈國際出版集團
Taiwan Mansion International Group

國家圖書館出版品預行編目（CIP）資料

我的哈佛數學課：跳脫解法、不必死記，專門教出常春藤名校學生的名師教你「戰勝數學的方法」，再也不必怕數學！/ 鄭光根作；葛瑞絲譯. -- 初版. -- 新北市：美藝學苑, 2023.04
面；　公分
ISBN 978-986-6220-57-9（平裝）
1.CST: 數學　2.CST: 學習方法

310　　112002139

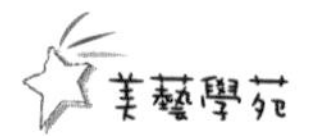

我的哈佛數學課

跳脫解法、不必死記，專門教出常春藤名校學生的名師教你「戰勝數學的方法」，再也不必怕數學！

作　　者／鄭光根
譯　　者／葛瑞絲
編輯中心編輯長／張秀環・**編輯**／許秀妃
封面設計／何偉凱・**內頁排版**／菩薩蠻數位文化有限公司
製版・印刷・裝訂／東豪・弼聖・紘億・秉成

行企研發中心總監／陳冠蒨
媒體公關組／陳柔彣
綜合業務組／何欣穎
線上學習中心總監／陳冠蒨
數位營運組／顏佑婷
企製開發組／江季珊

發 行 人／江媛珍
法 律 顧 問／第一國際法律事務所 余淑杏律師・北辰著作權事務所 蕭雄淋律師
出　　版／美藝學苑
發　　行／台灣廣廈有聲圖書有限公司
地址：新北市235中和區中山路二段359巷7號2樓
電話：（886）2-2225-5777・傳真：（886）2-2225-8052

代理印務・全球總經銷／知遠文化事業有限公司
地址：新北市222深坑區北深路三段155巷25號5樓
電話：（886）2-2664-8800・傳真：（886）2-2664-8801
郵 政 劃 撥／劃撥帳號：18836722
劃撥戶名：知遠文化事業有限公司（※單次購書金額未達1000元，請另付70元郵資。）

■出版日期：2023年04月
ISBN：978-986-6220-57-9